湿地中国科普丛书
POPULAR SCIENCE SERIES OF WETLANDS IN CHINA

中国生态学学会科普工作委员会　组织编写

文明摇篮
河流湿地

Cradle of Civilization
— Riverine Wetlands

蔡庆华　主编

中国林业出版社

图书在版编目(CIP)数据

文明摇篮——河流湿地 / 中国生态学学会科普工作委员会组织编写; 蔡庆华主编. -- 北京 : 中国林业出版社, 2022.10

（湿地中国科普丛书）

ISBN 978-7-5219-1908-0

Ⅰ.①文… Ⅱ.①中… ②蔡… Ⅲ.①河流-沼泽化地-中国-普及读物 Ⅳ.①P942.078-49

中国版本图书馆CIP数据核字(2022)第185505号

出 版 人：成　吉
总 策 划：成　吉　王佳会
策　　划：杨长峰　肖　静
责任编辑：何游云　肖　静
宣传营销：张　东　王思明　李思尧

出版　中国林业出版社（100009　北京市西城区刘海胡同 7 号）
　　　　http://www.forestry.gov.cn/lycb.html　　　电话：（010）83143577
印刷　北京雅昌艺术印刷有限公司
版次　2022 年 10 月第 1 版
印次　2022 年 10 月第 1 次
开本　710mm×1000mm　1/16
印张　13.5
字数　150 千字
定价　60.00 元

《文明摇篮——河流湿地》
编辑委员会

主　编

蔡庆华

副主编

桑　翀　蔡凌楚

编　委（按姓氏拼音排列）

董笑语　何逢志　李浩然　李婧婷　李先福　林孝伟　凌　畅

刘硕然　罗情怡　丘明智　渠晓东　任　泽　谭　路　唐　涛

田　震　童晓立　王震洪　吴乃成　肖　文　徐耀阳　杨海军

杨顺益　叶　麟　张　敏

插图与摄影作者（按姓氏拼音排列）

董笑语　杜风雷　巩　政　黄　丹　李浩然　林鹏程　凌　畅

马吉顺　孟宪伟　聂春红　欧文希　钱建硕　桑　翀　宋　勇

田　震　王乾龙　王　忠　魏懿鑫　张　敏　曾　智

　　湿地是重要的自然资源，更具有重要生态系统服务功能，被誉为"地球之肾"和"天然物种基因库"。其生态系统服务功能至少包括这样几个方面：涵养水源调节径流、降解污染净化水质、保护生物多样性、提供生态物质产品、传承湿地生态文化。同时，湿地土壤和泥炭还是陆地上重要的有机碳库，在稳定全球气候变化中具有重要意义。因此，健康的湿地生态系统，是国家生态安全体系的重要组成部分，也是实现经济与社会可持续发展的重要基础。

　　我国地域辽阔、地貌复杂、气候多样，为各种生态系统的形成和发展创造了有利的条件。2021年8月自然资源部公布的第三次全国国土调查主要数据成果显示，我国各类湿地（包括湿地地类、水田、盐田、水域）总面积8606.07万公顷。按照《关于特别是作为水禽栖息地的国际重要湿地公约》（简称《湿地公约》）对湿地类型的划分，31类天然湿地和9类人工湿地在我国均有分布。

　　我国政府高度重视湿地的保护与合理利用。自1992年加入《湿地公约》以来，我国一直将湿地保护与合理利用作为可持续发展总目标下的优先行动之一，与其他缔约国共同推动了湿地保护。仅在"十三五"期间，我国就累计安排中央投资98.7亿元，实施湿地生态效益补偿补助、退耕还湿、湿地保护与恢复补助项目2000余个，修复退化湿地面积700多万亩[①]，新增湿地面积300多万亩，2021年又新增和修复湿地109万亩。截至目前，我国有64处湿地被列入《国际重要湿地名录》，先后发布国家重要湿地29处、省级重要湿地1001处，建立了湿地自然保护区602处、湿地公园1600余处，还有13座城市获得"国际湿地城市"称号。重要湿地和湿地公园已成为人民群众共享的绿色空间，重要湿地保护和湿地公园建设已成为"绿水青山就是金

---

① 1亩=1/15公顷。以下同。

山银山"理念的生动实践。2022年6月1日起正式实施的《中华人民共和国湿地保护法》意味着我国湿地保护工作全面进入法治化轨道。

要落实好习近平总书记关于"湿地开发要以生态保护为主，原生态是旅游的资本，发展旅游不能以牺牲环境为代价，要让湿地公园成为人民群众共享的绿意空间"的指示精神，需要全社会的共同努力，加强湿地科普宣传无疑是其中一项重要工作。

非常高兴地看到，在《湿地公约》第十四届缔约方大会（COP14）召开之际，中国林业出版社策划、中国生态学学会科普工作委员会组织编写了"湿地中国科普丛书"。这套丛书内容丰富，既包括沼泽、滨海、湖泊、河流等各类天然湿地，也包括城市与农业等人工湿地；既有湿地植物和湿地鸟类这些人们较为关注的湿地生物，也有湿地自然教育这种充分发挥湿地社会功能的内容；既以科学原理和科学事实为基础保障科学性，又重视图文并茂与典型案例增强可读性。

相信本套丛书的出版，可以让更多人了解、关注我们身边的湿地，爱上我们身边的湿地，并因爱而行动，共同参与到湿地生态保护的行动中，实现人与自然的和谐共生。

中国工程院院士

中国生态学学会原理事长

2022 年 10 月 14 日

人类自古逐水而居。中国古代对"水"的称谓主要是指河流。中国水资源丰富，不少书籍中都曾这样描述："我国是一个山高水长，河流众多的国家。"但以往社会上对生活当中的"河流"有这样一种认知，即其在供水、灌溉、发电、航运以及水产等方面上作出了不少贡献。当然，这种认知讲的并不是全貌，而是河流作为一类湿地和一种生态系统的众多功能当中的一小部分。这是本书创作团队作为生态学人不愿意看到的局面。我们编著本书的指导思想就是，希望读者接触有文化内涵、有生命力的河流湿地，从而避免在自然科学和人文科学中闭门造车，避免"传声筒"式的认知，在注重与读者沟通河流湿地概念及作用的同时，努力培养读者对中国特有的水文化的分析、理解、吸收和创新的能力。

本书的材料大都来自学术论著及研究报告，同时也辅以大量的文学性描述与表达，从而尽量摒弃无甚文学价值的以过于专业性语言为主的学术报告似的写法。另外，本书的文学性表达也是以整体脉络为架构，而不是脱离书本内容、为科普而科普的狗尾续貂。这样安排就是将学术著作中的文学性放在一个相比之下更为平等的地位。在科普图书中，文学性不应当仅仅是对学术语言的补充与诠释，而应是一本科普读物重要的组成部分，这也是当前公众科学以及科学传播领域的发展方向与国际前沿。无论是以书面语言为主的学术论文，还是形式多样的科普读物，有很多句子是"不符合完全科学描述"的。然而，正是这些"不符合完全科学描述"的句子孕育了大量"科普"的种子，构造了有血有肉的科学的未来。而我们也希望我们的读者能够感悟、学习并掌握书中这些有生命力的知识，而不是那些完全按所谓科学规则编写出来的僵硬的数据。

依据这样的指导思想，我们将全书分为了九个章节：在第一章，我们系统地梳理了河流的概念、别称、分类、分级、结构与功能，并概述了我国河流的水系分区；而第二章，我们从文学角度解读了河流的湿地功能；从第三章开始到第七章，我们分别介绍了我国典型地区有代表性河流的景观、生物、人文等概况，并普及了人工河建造的历史与意义；第八章全面介绍了我国的南水北调工程与国家水网布局；第九章主要介绍我国的河流保护行动并总结未来河流治理应该关注的层面。本书由蔡庆华策划，桑翀、蔡凌楚统筹，丛书编辑委员会的专家给出了许多指导意见，中国林业出版社的编辑出色完成了书稿的组织和出版工作，谨致谢忱。目前，国内尚未有针对广大读者出版的综合性河流科普书籍，这显然不利于普通大众了解我国河流的整体情况，也不利于帮助大众理解我国推行的河流生态保护政策。在编撰过程中，我们尽自己所能，以郦道元的《水经注》和徐霞客的《徐霞客游记》为目标，争取在河流的生态学和文学上都创造出自己的价值，提高每一位读者的阅读体验。因为，我们坚信，唯有真正理解中国的河流背景，理解河流的价值，理解河流的发展趋势，才能融入华夏这个水文化驱动的民族发展的节奏中，才能保证自己不与时代错过。

河流湿地距离我们很近，也很远。近是因为它已经与我们的工作与生活息息相关，并会持续影响我们，远的是我们所处的时代对河流的应用与治理水平也在随之增高，我们需要真正理解河流，并尽可能去掌握它，才能更好地融入河流反哺我们的场景中，才能够获取发展的红利。

作者水平有限，书中若存在错误和不足之处，敬请读者批评指正。

本书编辑委员会

2022 年 5 月

目录

I

　　陆地表面宣泄的径流携带泥沙和盐类等物质进入湖泊、海洋形成的通道式的水流统称为河流，河流汇入湖泊、海洋是水循环的重要一环。河流中的水主要来自其流域降水形成的地表径流和其他形式的水，诸如地下水、泉以及自然积雪融化存水。

　　地球上的水资源中有97%为海水，淡水仅以3%的比例存在。在占比很少的淡水中，约三分之二为冰河，人类可使用的淡水仅占全球水资源的0.8%。而陆地水大部分集中在北极、南极，以雪或冰以及地下水的形式存在，河流水仅以淡水中0.0001%的比例存在于地球。在不断地水循环中，地球中的地表水得到源源不绝的补给。

世间万物连接者
——河流

文明摇篮——河流湿地

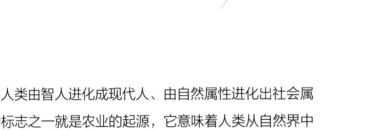

　　人类由智人进化成现代人、由自然属性进化出社会属性的标志之一就是农业的起源，它意味着人类从自然界中的食物采集者转变为食物的生产者，由被动适应变成主动生存。而农业起源又与水源紧密联系在一起。人类文明大都发祥于大河流域，正是因为文明是水的赠礼，有水的地方就有生机。而在水的形式中，又以河流最为动人。河流，奔流不息，润泽一方。它不畏路途艰辛，奔腾入海，蒸腾成云，又幻化为雨，将陆地与海洋联系起来；它带来肥沃的土壤，用水和土为人类创造一片宜居的天地。

　　《管子·水地》中说："是以圣人之治于世也，不人告也，不户说也，其枢在水。"水的问题解决了可以带来百业兴旺、国家繁荣的局面；而一旦水患丛生，则会民不聊生、叛乱四起。大禹治水，为我国第一个王朝的形成奠定了政治基础。而春秋战国时期，各国兴修水利，对增强国力发挥了重要的作用。《宋史·河渠志》中也描述，清明上河图中的汴河带给大宋"横亘中国，首承大河，漕引江湖，利尽南海，半天下之财富，并山泽之百货，悉由此路而进"的富裕和繁荣。作为文明的哺育者，一条河流的意义并不只是提供水源或食物来源，还是为文明所在地区提供了一种性价比极高的运输方式，这让河流的沿岸地区能够连成一个经济体。如果按照亚当·斯密的分工论来诠释，则可以说明河流能够促进河流的沿岸地区成为经济交流区，在这个区域内产生分工，从而促进河流沿岸经济的发展。这种影响即使在今天仍然不可小觑。

总而言之，盛世治水，乱世河衰，政治上的强大和衰败与水上的兴盛和衰败有直接的联系。而这正是因为人是伴水而生的，可以这样理解：水就是人，在水之畔是人得以生存超脱的前提；依偎着两河流域，华夏文明才能长存。

大禹治水（东汉山东嘉祥武氏墓群石刻拓片）

世间万物连接者——河流

中国地域辽阔，河流众多，打开中国流域分布图，我们会发现一个有趣的现象：北方的大型河流都被称为"河"，如黄河、淮河、海河、渭河等，而南方大河则通名是"江"，如长江、珠江、黄浦江等。

为什么会有"南江北河"之分呢？这个问题的答案众说纷纭，有人说是依据水量来分的，江大河小；也有人说是根据水质来分的，江清河浊。然而，这些说法都经不起推敲：黄河显然比富春江大得多；万泉河水质清澈，远胜珠江和湘江。那么，这些河流的名称都是怎么来的呢？

水　象形。甲骨文字形中间像水脉，两旁似流水（图1）。《文子》云："水之道，上天为雨露，下地为江河"。本义是：以雨的形式从云端降下的液体。我国的"水"分

甲骨文　　　金文　　　小篆　　　隶书　　　楷书　　　行书

图1　水字的演变（凌畅/绘）

布于全国，南北皆有，尤以中南地区，湘、赣、鄂等省最多。例如，汉水、弱水、资水、西汉水、辰水等。

江　形声。从水，从巠。《释名》云："江，共也。小江流入其中，所公共也。""工"，与"共工"之"工"同义，为"众人合力工作"之意，"江"字本义是人工河道，其水道走向较为固定。中国南方地区的河流因气候湿润、植被丰茂而河道固定，很少发生河流改道的情况，所以南方河流被总称为"江"。又由于长江是南方代表性河流，从不改道，所以就使用"江"字作为其专名。我国的"江"主要在秦岭—淮河一线以南的居多，东北的河流也多称"江"。例如，长江、黑龙江、松花江、珠江、澜沧江、怒江、岷江等。

河　形声。从水，可声。本特指黄河，而至南北朝后因"河水"水色偏黄而称"黄河"。《说文》云："河，河水出敦煌塞外昆仑山，发原注海。"后为水道的通称，指径流量较大的河流。《汉书·司马相如传》云："南方无河也，冀州凡水大小皆谓之河。"相对而言，我国的"河"在秦岭—淮河一线以北地区分布得较多，即北方居多，其以南地区分布较少，南方的"河"多指小河。西北的河流也多称"河"，如黄河、塔里木河、淮河、海河、大渡河、沂河、辽河等。

川　象形。甲骨文字形左右是岸，中间是流水，正像河流形。《说文·川部》云："川，贯穿通流水也。"本义为河流。我国的"川"主要分布在西部和东南部地势起伏明显的河源地区。例如，四川大金川、小金川，陕西头道川、杜甫川，台湾柳川、梅川，云南螳螂川，福建龙川，河南淅川。

溪 《尔雅·释水》云："水注川曰溪，注溪曰谷。"一般把山间溪流称为"溪"。我国的"溪"主要分布在东南部及台湾。例如，福建富屯溪、南浦溪、沙溪，浙江永安溪、金马溪、龙泉溪，四川小安溪、浣花溪等。

沟 形声。从水，冓（gōu）声。本指田间水道沟，后泛指山区小河流。《尔雅·释水》云："水注谷曰沟。"我国的"沟"主要分布在西部山区，这个名称全国通用。例如，新疆白杨沟、阿拉沟，宁夏折死沟、红旗沟，四川九寨沟、七家沟，湖北茶树沟、镜潭沟，安徽八里沟、席家沟。

塘 形声。从土，唐声。本义为堤岸、堤防。《广韵》云："筑土遏水曰塘。"我国的"塘"是江浙地区主要用于防洪的河流的别称，故主要分布在长江三角洲一带。例如，江苏六和塘、盐铁塘、福山塘，浙江海盐塘、长水塘、平湖塘，上海浦汇塘、走马塘、北泗塘等。

源 河流发源地附近河段的别称，一般位于山区，尤其集中于山西省东南部。例如，清漳西源、清漳东源、浊漳北源等。

港 字形从水，巷声。《玉篇·水部》云："港，水派（支流）也。"本义为与江河湖泊相通的小河流。我国的"港"主要分布在东部沿海地区。例如，江苏新洋港、斗龙港、三和港，上海龙泉港、金汇港、洋泾港，浙江常山港、江山港等。

曲 本指曲折隐秘的地方，藏语中是对河流的一种称谓，主要分布于藏族同胞聚居的西藏、青海、四川西北部地区，为山区峡谷河流。例如，西藏那曲、昂曲、玉曲，青海卡日曲、扎曲、解曲，四川赠曲、定曲、达曲等。

藏布　为藏语对河流的又一称谓，青藏高原的河流主要分布于藏族同胞聚居的西藏地区。例如，西藏雅鲁藏布、马甲藏布、扎加藏布、毕多藏布、森格藏布（狮泉河）等。

郭勒/高勒　为蒙古语对河流的一种称谓，主要分布在内蒙古、青海。例如，青海省的素林郭勒、那仁郭勒，内蒙古的锡林郭勒（西林河）、霍林郭勒（霍林河）、额木讷高勒、木仁高勒等。

此外，上海的河流还有"浦、泾、浜"等一类简称，多指小河流。例如，彭公浦、俞泾浦、西浦、白莲泾、沙家浜、王家浜等。而广东一带用"河涌"指入海口的河道。

河流的分类、分级、结构与功能

河流的分类

纵向河、横向河及斜向河　全世界的河流可依据水流方向分为纵向河、横向河及斜向河。

纵向河是指河水南北流动，与经线平行。例如，美国的密西西比河、非洲的尼罗河、我国的怒江。

横向河的河水作东西方向流动，大致与纬线平行。例如，南美的亚马孙河，我国的长江、黄河及台湾岛各河流。

斜向河则指流向不定的河川，其部分河段与经线或纬线平行，整体却与经线和纬线成斜交。例如，我国东北的松花江上游河段与经线和纬线斜交，其支流嫩江为纵向河，而三岔口以下的主流却为横向河，印度的印度河亦属此类。

内流河与外流河　如果以出海与否区分，则有内流河与外流河之别。

内流河是指不能外流出海的河流，出现在干燥地区，那里水源有限，地形封闭，河流的末端消失在沙漠中或流入湖泊。例如，我国新疆的塔里木河。

外流河则指河水外流出海的河流，多出现于多雨、水源丰富的地区。例如，我国的长江与黄河。

永久性河流与季节性河流　根据是否常年有水可将河流分为永久性河流和季节性（或间歇性）河流。

永久性河流是相对间歇性、季节性和偶然性而言的河流，永久性指湿地地表常年积水或者水常年流出的一种状态。永久性河流常年有河水径流，仅包括河床部分。

季节性（或间歇性）河流是相对于永久性而言的，季节性是指属于或依赖于某一特定季节的湿地地表积水或有水流出的状态。季节性河流一年中只随季节（雨季）有水径流。

自然河与人工河　依据成因分类，河流分为自然河和人工河。

自然河是指陆地表面经常或间歇有相当的大水量流动，形成的线形天然水道。从世界范围来看，河流水主要来自降水、地下水或高山融雪。而这些都是在山脉一带出现，所以河流的源头处通常是山脉。河流通常是从源头沿地势往下流，一直流入大海或湖泊为止。

人工河通称"运河"，是指由人力开凿的用以沟通水系、便利运输的水利工程。例如，京杭大运河。

此外，河流也可以按照主流与支流的分布形态（表1）、岩层的坡面、地质的构造、地形的发展之不同进行分类。

表1　依据分布形态的河流分类

形态	描述	图例
平行状（梳状）水系	主、支流平行发育。通常出现在倾斜明显的坡面或平行的褶曲上	

形态	描述	图例
树枝状水系	主、支流的排列形状很像树枝的形状。常出现于同性质的岩层上，例如，水平分布的沉积岩层或排列紧密的花岗岩区	
环状水系	主、支流呈环形交汇。锅状陷落地带常出现这样的水系	
格子状水系	主、支流呈直角或近似直角交汇，像格子形状。常出现于褶曲明显的地方或断层区	
羽状水系	主流流向受到坡面控制，支流平行、斜向注入主流	
向心状水系	多条河流由四周向中央注入的水系。常出现在盆地、陷落的洼地及火山口内	
放射状水系	多条河由中央高地流向四方的水系。常出现在岛屿及锥状火山地形区	

河流的分级

河流的纵向分级也是一个重要的问题，早先主张以序列原则来划分河流大小类型的人是德国科学家格雷夫利厄斯（Gravelius）。1914年，他将任何一个河网内最大的主流定名为"第一级河流"，汇入主流的最大支流为"第二级河流"，汇入大支流的小支流为"第三级河流"，这样一直把全部大小支流命名完毕为止。但这种方法在运用时存在两个主要缺点：第一，很难确定第一级的主流；第二，在大小不同的两个流域内，这一流域的第一级河流与那一流域的第一级河流可能相差很大。

当前河流研究普遍认同的方法为美国地质学家斯特拉勒（Strahler）的划分法。他规定：河流包括所有间歇性及永久性的位于明显谷地中的水流线，最小的指尖状支流称为"第一级河流"。两个第一级河流汇合后组成的新的河流称为"第二级河流"。汇合了两个第二级河流的，称为"第三级河流"。依此类推，直到把整个流域内的水道划分完为止。通过全流域的水量及泥沙量的河床的河流称为最高级河流（图2）。

河流的结构

平面结构　河流的平面结构包含河源、上游、中游、下游、河口五个位置。

横向结构　河流与漫滩、湿地、岸带、堤岸等结构构

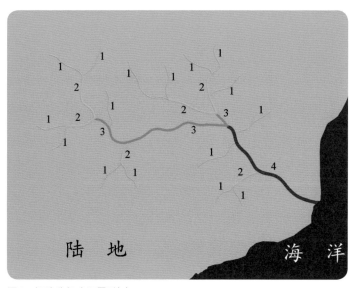

图2　河流分级（田震/绘）

成了河流湿地复杂的生态系统。河流横向区域结构有着物质流、信息流、能量流三种相互关系，它们共同作用形成河流的生态系统。

纵向结构　河流是一个纵向上运送物质和能量的连续体，具备"廊道"的作用。在水动力过程的长期作用下，天然河道在一定距离内形成"深潭—急流—浅滩"这一基本的结构单元，并且随着水流而不断重复出现。系统丰富的水文形态结构适宜形成丰富多样的河流栖息地（图3）。

竖向结构　河流竖向包含大气、地物、土壤、地下水四部分。这四部分相互作用，共同影响河流，其中包含地下水对河流化学成分及水文要素的影响、河流与河床底质之间的相互作用等。

河流的功能

河流的功能大致可以总结为两个方面，一方面是自然生态功能，包括净化水体、防洪调蓄、调节气候、保护生

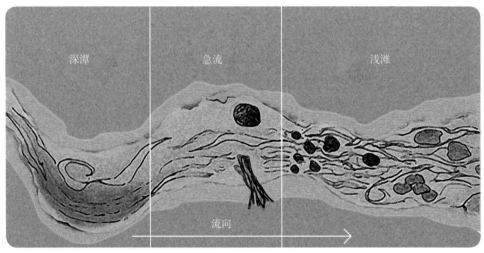

图3　河流纵向结构（田震/绘）

物多样性等；另一方面是社会价值功能，包括休闲游览、科普宣教、科学研究、文化体验等。

在这些功能中有一个最突出的功能，即河流的廊道功能。河流廊道是指其河流分布不同于周围基质的植被带，通常可包括河流边缘、河漫滩、河堤和部分高地。河流廊道不是孤立的线性要素，而是"山水林田湖草"生命共同体的一部分，兼具生态与文化功能，在营养物质交流、物种迁移、控制洪水泛滥等方面有重要的作用，也是许多边缘物种，如河狸等的重要栖息地，在生物多样性保护中具有特殊的意义；同时，河流廊道对于文化的交流与传播至关重要。

河流生态学的
重要理论

河流连续统概念　河流连续统概念（River Continuum Concept，RCC）是由美国河流生态学家雷布尔顿（Vannote）于1980年提出的。该理论是应用生态系统的原理和观点，把由低级河流至高级河流相连的河流网络作为一个连续的整体系统对待，强调生态系统中构成河流群落及其一系列流域与功能的统一性。这种由上游的诸多小溪至下游大河的连续，不仅是指地理空间上的连续，更重要的是指生态系统结构、功能和生态过程的连续。以RCC的提出为标志，河流生态学终于结束了孤立、片面的研究时代，进入了真正意义上的生态系统层次的研究阶段。该理论成为当代河流生态学研究的基本原则之一（图4）。

营养螺旋概念　美国生态学家韦伯斯特（Webster）等人提出了营养螺旋概念（Nutrient Spiraling Concept，NSC），认为溪流中营养物质的循环是在从上级溪流至下级溪流的运输过程中完成的。水体中溶解性营养物被溪流生物吸收，之后通过溪流生物体内的小循环后被释放至水体中，再次成为可被生物利用的溶解态，以上是一个完整

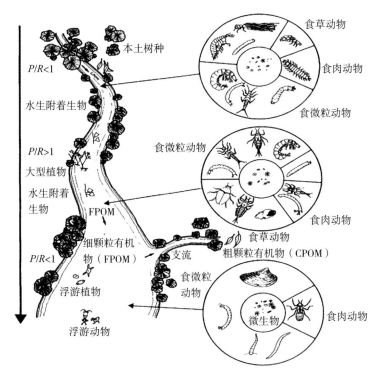

图4 基于河流连续统概念的河流示意图（改自 Vannote et al., 1980）

的营养循环过程。NSC是对RCC的补充，由于溪流具有单向流动的特性，决定了营养物很难在原地完成循环，而是被运输至下游河段或下级溪流完成。这种由上而下的运输循环方式即被称作"螺旋"。

连续中断概念　美国生态学家沃德（Ward）等在RCC和NSC的基础上提出了连续中断概念（Serial Discontinuity Concept，SDC），考虑了水坝对溪流的影响：水坝打破了溪流生态系统的连续体性质，导致了河流物理条件和生物群落的上下游变化。此外，水坝还降低了溪流和河岸带之间的生态连通性。

洪水脉冲概念　20世纪80年代末期，德国生态学家容克（Junk）等提出了洪水脉冲概念（Flood Pulse Concept，FPC）。广义的洪水脉冲概念指水文情势的年际变化，而狭义的洪水脉冲概念则是指在洪水期间水文变量的骤然变化。

生境模板概念　20世纪70年代，美国博物学家索思伍德（Southwood）提出了生境模板概念（Habitat Templet Concept，HTC）。生境模板是由一系列特定环境条件所组成的"过滤器"，物种只有当其特征通过了所有的"过滤器"才能在该生境中存活下来。

四维系统理论　美国生态学家沃德提出要从横向、纵向、垂直方向及时间四个维度看待河流生态系统，是较为全面、整体地认识河流生态系统的理论。纵向上，河流是一个线性系统；横向上，其与河滩地、湿地、河岸带等区域发生联系；而垂直方向上，其与河床基质中的有机体（深潭、浅滩、礁石等）及地下水发生相互作用。而这一切均在时间上随着气候、降雨、潮汐等产生周期性变化；同时，随时间累积，河流泥沙淤积与河水侵蚀的作用也进一步影响河流形态变化。四维系统理论较完整地阐释了河流生态系统的特征，并对河流生态修复提供了四维系统方向上的指导。

　　流域，指分水线所包围的河流集水区。分水线就是流域四周水流方向不同的界线，在山区是山脊线，在平原则常以堤防或岗地为分水线。流域是对河流进行研究和治理的基本单元（图5）。中国流域面积50平方千米以上的河流共有45203条。中国的河流可以被分为十大流域片：黑龙江流域片、辽河流域片、海河流域片、黄河流域片、淮河流域片、长江流域片、珠江流域片、东南诸河流域片、西南诸河流域片及西北内陆河流域片，除西北内陆河

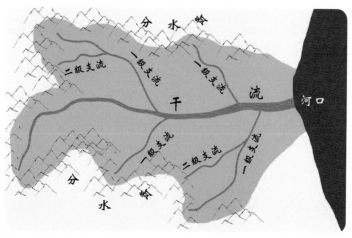

图5　流域示意图（田震/绘）

流域片，其他流域片流域均为外流河流域。

黑龙江流域片　包括松花江流域及黑龙江、乌苏里江、图们江、绥芬河等国际河流的中国境内部分。松花江是黑龙江最大的支流，全长1900千米，共有两个源头。西源头嫩江发源于大兴安岭伊勒呼里山，南源头第二松花江发源于长白山天池，两江在三岔河汇合后称松花江。松花江流域地处温带大陆性季风气候区，面积约55万平方千米。松花江流域中分布着河流、湖泊和沼泽等天然湿地。

辽河流域片　包括辽河流域、东北沿黄渤海诸河及鸭绿江的中国境内部分。辽河全长1345千米，发源于七老图山脉的光头山。辽河流域面积约为22万平方千米。辽河流域地处北温带半湿润半干旱区，该区气候属大陆性季风气候，春季干燥多风，夏季炎热多雨，冬季寒冷漫长。该流域有温带草原、暖温带落叶阔叶林和温带性灌丛等多种类型的自然植被。辽河流域拥有滨海湿地、河流湿地、湖泊湿地和沼泽湿地等多种湿地类型，这些湿地对维持区域的生态平衡起着至关重要的作用。

海河流域片　包括海河流域、滦河流域及冀东沿海。海河流域片东临渤海，南界黄河，西起太行山，北倚内蒙古高原南缘，地跨京、津、冀、晋、鲁、豫、辽、内蒙古八省（自治区、直辖市），流域总面积为31.8万平方千米，占全国国土面积的3.3%。海河流域片属于半湿润半干旱的温带大陆性季风气候区，拥有滨海湿地、河流湿地、湖泊湿地和沼泽湿地4种类型的湿地。

黄河流域片　黄河长5464千米，流域总面积为75.3万平方千米。从河流长度和流域面积来讲，黄河是中国的第二条大河，流经青海、四川、甘肃、宁夏、内蒙古、陕西、山西、河南和山东9个省（自治区），于山东省垦利区注入渤海。黄河流域是中国文明的主要发源地。由于黄河上、中游黄土高原的水土流失，它成为世界上含沙量最大的河流。黄河流域作为中国北方重要的生态屏障和经济地带，在生态安全和经济社会发展方面地位显著。在黄河中游流域，主要分布着河南黄河湿地和豫北黄河故道湿地。在黄河下游流域，主要分布着河流湿地和三角洲湿地。

淮河流域片　包括淮河流域及山东半岛沿海诸河。淮河流域地处我国东部，介于长江和黄河两流域之间，西起桐柏山、伏牛山，东临黄海，南以大别山、江淮丘陵、通扬运河及如泰运河南堤与长江分界，北以黄河南堤和泰山为界，与黄河流域毗邻，流域面积约为27万平方千米。以淮河和新辟的淮河入海水道为界，北部属暖温带半湿润区，南部属亚热带湿润区。淮河流域的自然湿地包括滨海湿地、河流湿地、湖泊湿地和沼泽湿地。

长江流域片　长江发源于"世界屋脊"——青藏高原的唐古拉山脉各拉丹冬峰西南侧。其干流流经青海、西藏、四川、云南、重庆、湖北、湖南、江西、安徽、江苏、上海11个省（自治区、直辖市），于崇明岛以东注入东海。长江全长约6300千米，比黄河长约800千米，在世界大河中长度仅次于非洲的尼罗河和南美洲的亚马孙河，居世界第三位。长江流域面积达180万平方千米，约占中国陆地总面积的20%。淮河大部分水也通过大运河汇入长江。

长江流域内分布了我国所有类型湿地，不仅在涵养水

长江流域巫峡①

源、蓄洪防旱、降解污染、调节气候等方面发挥了重要作
用，也为我国南水北调东线、中线上迁徙鸟类提供了重要
繁殖地和越冬地，并为人类提供了大量的水产资源、化工
原料、矿物资源、航运条件等，同时也为人类提供了重要
生存环境。

　　珠江流域片　含太湖流域，包括珠江流域、华南沿海
诸河、海南岛及南海各岛诸河。珠江流域片是我国最南的
一个流域片，属于湿热多雨的热带、亚热带气候。珠江流
域的湿地众多，各种类型分布不均，且分布呈明显的地域
性特征。其自然湿地类型主要包括河流湿地、湖泊湿地、
滨海湿地、沼泽湿地。

　　东南诸河流域片　主要包括我国东部沿海地区的浙
江、福建和台湾地区流域。主要有浙江省的钱塘江、瓯江、
飞云江、甬江，福建省的闽江、九龙江、晋江，台湾地区
的高屏溪、淡水河等。

① 本书未标注摄影者图片均已向摄图新视界网站购买版权。

西南诸河流域片　西南诸河流域片是我国西南部除长江、黄河等河流以外独立入海的中小河流的总称，绝大多数河流是国际河流。西南诸河水资源区位于中国西南边陲，是青藏高原与云贵高原的一部分。作为中国十大水资源一级区之一的西南诸河流域片幅员辽阔，总面积约为85万平方千米，流域内河流众多，自西向东依次划分为藏西诸河、藏南诸河、雅鲁藏布江、怒江及伊洛瓦底江、澜沧江、红河共6个水资源二级区。

西北内陆河流域片　包括塔里木河等西北内陆河以及额尔齐斯河、伊犁河等国际河流的中国境内部分。这一区域是对全球气候变化较为敏感的生态脆弱地带，也是我国中东部地区重要的生态屏障，更是维系西北地区经济社会可持续发展的"命脉"。作为西北内陆干旱区水资源的重要载体，河流湿地对于维持西北内陆干旱区脆弱的生态平衡具有重要意义。

（执笔人：李婧婷、田震、凌畅、蔡凌楚）

世间万物连接者——河流

　　"湿地"是一种独特的生态系统，也是陆地生态系统和水域生态系统之间的过渡性地带，许多水生植物生长在土壤被水浸泡的特定湿地环境中。这些能够适应独特水土环境的水生植物也常是区分湿地与其他地形、水体的特征性植被。湿地广泛分布于世界各地，拥有众多野生动植物资源，很多珍稀水禽的繁殖和迁徙离不开湿地，因此湿地被称为"鸟类的乐园"。湿地有强大的生态净化作用，因而又有"地球之肾"的美名。

　　湿地净化水质、蓄水、固碳、促进营养物质循环等功能在近年得到越来越多的重视，同时，能保护海岸线的稳定及作为植物和动物生存栖息地的湿地也被认为是生物多样性最高的生态系统之一。不过，一个湿地是否能发挥功能，及能发挥的程度则取决于该湿地及其附近的环境与水域特征……

生态支持与文化供应者
——河流湿地功能

　　根据2008年《全国湿地资源调查与监测技术规程》，河流湿地的定义为"围绕天然河流水体而形成的河床、河滩、洪泛区、冲积而成的三角洲、沙洲等自然体的统称"。

　　显然，河流湿地是一个复合概念，不仅包含了河流水体本身，还包含了滩地，及其生态系统内的动植物资源。其线性的空间特征和变化的水位决定其拥有独特的空间结构和生态系统功能。河流湿地的特征包括：

　　（1）复合性。河流湿地生态系统由陆地区域、水体区域及水陆交错区域构成，形成了较复杂的湿地系统，并为沿岸的动植物提供了丰富的物质交换空间和适宜的栖息场所。

　　（2）具有独特的线状形态。河流生态系统上游和下游的物质能量通过河流水体的流动进行输移，丰富河流湿地的沿线生态空间。

　　（3）具有自我恢复能力。河流湿地基于河流水体的流动性和丰富的水陆交错空间，可以对自身系统进行自我净化，改善水质，并能进行时间和空间维度的自我演替。河流型湿地自净能力强，在受干扰后恢复较快。

（4）具有四维特点。河流湿地具备四个维度的特点，这四个维度分别是横向、纵向、垂向、时间维度。

（5）季节性。河流湿地结构随着河流的季节性水位变化而变化。

河流湿地功能

　　作为水陆间之间的过渡带，河流湿地发挥着其他类型湿地不可替代的作用。我们说的"河流湿地功能"通常指的是河流湿地的生态系统服务功能。它可以被定义为河流生态系统与河流生态过程所形成及所维持的人类赖以生存的自然环境条件与效用。通俗来讲，就是人类直接或间接从河流生态系统中获取的利益。

　　河流湿地其实也与我们的中华文化息息相关。河流能够超越空间限制，使人们产生联想和想象，是一种重要的文化资源。中国自古以来有大江大河，有小桥流水，都是文人墨客们喜爱的游玩和创作的地方。《诗经》中有"在水一方"的描述，《楚辞》里也提到"袅袅兮秋风，洞庭波兮木叶下"，这些水流俨然已具有美好的象征。中国以及世界各国在历代的文学作品中都留下了对河流景观、浅水瀑布、飞鸟虫鱼的描述。我国关于江河文化的积累已沉淀了数千年。品读诗歌，我们会发现，许多当代的文明创造其实就隐藏在这些字里行间。

"泉眼无声惜细流，树阴照水爱晴柔"——淡水供应功能

水是生命的源泉，是人类生存和发展的宝贵资源。杨万里的一首《小池》把一个泉眼、一道细流、一池树阴、几支小小的荷叶描绘得淋漓尽致，形成一幅生动的小池风物图。河流是淡水贮存和保持的重要场所。首先，河流淡水是人类生存所需要的饮用淡水的主要来源；其次，河流淡水是其他动物（家畜、家禽及其他野生动物）饮用水来源；并且，所有植物的生长和新陈代谢都离不开淡水。河流生态系统为人类饮水、农业灌溉用水、工业用水以及城市生态环境维护用水等提供了保障。

"羌管弄晴，菱歌泛夜，嬉嬉钓叟莲娃"——休闲娱乐功能

柳永的这首《望海潮·东南形胜》用寥寥数笔描绘出了河流湿地独特的水体景观和优美的植物景观。这些景观不仅产生了独特的观赏性，而且也提供了独特的活动空间，具备娱乐、游览、观赏、休憩、养生、怡情、亲近自然等功能。上游森林、草地景观和下游河滩湿地景观相结合，使景观多样性明显；高地、河岸、河面、水体的镶嵌格局使景观特异性显著。流水与河岸、鱼鸟与林草等的动与静对照呼应，构成了河流湿地景观的和谐与统一。

高峡出平湖，让人豪情万丈；小桥流水人家，使人感到宁静温馨。同时，河谷急流、弯道险滩、沿岸摆柳、浅底翔鱼等景致赏心悦目，给人们以视觉上的享受及精神上的美感体验。人们凭借河流生态系统的景观休闲服务功能，在闲暇的节假日进行休闲活动，如远足、露营、摄

影、游泳、滑水、划船、漂流、渔猎、野餐等。这些活动，有助于促进人们身心健康，享受生活的美好，提高生活的质量。难怪会有"悠扬的羌笛声在晴空中飘扬，夜晚划船采菱唱歌，钓鱼的老翁、采莲的姑娘都喜笑颜开"的胜景出现。

"竹外桃花三两枝，春江水暖鸭先知"——栖息地功能

河流湿地的特殊环境为野生动物提供了丰富的食物来源，并创造了良好的避敌条件，是大量珍稀濒危鸟类、两栖类、爬行类、鱼类、哺乳类动物生长、栖息、繁衍、迁徙和越冬的重要场所，也是各种高、低等植物的生长之地。不同的物种能够通过河道进行觅食、饮水、繁殖，从而形成重要的生物群落。苏轼的《惠崇春江晓景其一》就描述了桃竹相衬、红绿掩映，野鸭河豚、春水潋滟的生机勃勃的场面。

河流栖息地一般包含两种：内部栖息地和边缘栖息地。

内部栖息地相对来说能为生物提供更稳定的生存环境，其生态系统能够在较长的时间内一直保持相对稳定的状态。边缘栖息地处于两个不同的生态系统相互作用的重要地带，也是维持较高的动、植物群落多样化的栖息地类型。

边缘栖息地通常处于高度变化的环境梯度之中，它比内部栖息地环境具有更多样的物种组成和个体丰度。此外，边缘栖息地相对于内部栖息地还起到过滤器的作用。

河流湿地内的地形和环境梯度（例如，土壤湿度、太阳辐射和沉积物的逐渐变化）会引起植物和动物群落的变化。宽阔的、互相连接并且具有多样的本土植物群落的河道是良好的栖息地条件，通常会发现它比那些狭窄的、性质相似并且高度分散的河道存在更丰富的物种。在河道范围内增加连通性和宽度通常会提高河道作为栖息地的价值。

"鹰击长空，鱼翔浅底，万类霜天竞自由"——生物多样性维持功能

生物多样性是指生态系统中生物种类、种内遗传变异、生物生存环境和生态过程的多样化和丰富性，包括物种多样性、遗传多样性、生态系统多样性和

景观多样性。其中，物种多样性是指物种水平的生物多样性；遗传多样性是指广泛存在于生物体内、物种的基因多样性；生态系统多样性是指生境的多样性（主要指无机环境，例如，地形、地貌、河床、河岸、气候、水文等）、生物群落多样性（生物群落的组成、结构和功能）和生态过程的多样性（指生态系统组成、结构和功能在时间、空间上的变化）；景观多样性是指不同类型的景观在空间结构、功能机制和时间动态方面的多样化和变异性。

生物多样性是河流生态系统生产和生态服务的基础和源泉。毛泽东在《沁园春·长沙》中也曾描述过湘江流域生物多样性的一角：鹰在广阔的天空里矫健有力地飞，鱼在清澈的水里轻快地游着，万物都在秋光中争着过自由自在的生活。河流生态系统中的洪泛区、湿地及河道等多种多样的生境不仅为各类生物物种提供繁衍生息的场所，还为生物进化及生物多样性的产生与维持提供了条件，为天然优良物种的种质保护及其经济性状的改良提供了基因库。

"出淤泥而不染，濯清涟而不妖"——净化功能

河流生态系统在一定程度上能够通过自然稀释、扩散、氧化等一系列物理和生物化学反应来净化由径流带入的污染物，河流生态系统中的植物（藻类）、微生物能够吸附水中的悬浮颗粒和有机的或无机的化合物等营养物质，将水域中氮、磷等营养物质有选择地吸收、分解、同化或排出。水生动物可以对活的或死的有机体进行机械的或生物化学的切割和分解，然后把这些物质加以利用、加工、吸收或排出。这些生物在河流生态系统中进行新陈代

谢中的摄食、分解、组合、吸收，并伴随着氧化、还原作用使化学元素经历种种分分合合；不断地循环，保证了各种物质在河流生态系统中的循环利用，有效地防止了物质过分积累形成污染。一些有毒有害物质经过生物的降解和吸收得以消除或减少，河流的水质因而得到保护和改善，河流水环境因而得到净化和改良。

组成河流生态系统的陆地河岸生态系统、湿地及沼泽生态系统、水域生态系统等子系统都对水环境污染有很强的净化能力。湿地历来有"地球之肾"的美称，在河流生态系统中起着重要的净化作用。湿地生长着大量水生植物，对多种污染物质有很强的吸收净化能力。湿地植被还可减缓地表水流速，使水中的泥沙得以沉降，并使水中的各种有机的和无机的溶解物和悬浮物被截留，从而使水得到澄清，同时可将许多有毒有害的复合物分解转化为无害的甚至是有用的物质。这种环境净化作用为人们提供了巨大的生态效益和社会效益。

"更立西江石壁，截断巫山云雨，高峡出平湖"——蓄水功能

河流生态系统的洪泛区、湿地、沼泽等蓄积大量的淡水资源，在枯水期可对河川径流进行补给，提高了区域水的稳定性。并且，河流湿地又是地下水的主要补给来源。毛泽东在《水调歌头·游泳》里对长江一系列水利枢纽工程是这么评价的：要在长江西边竖起大坝，斩断巫山多雨的洪水，让三峡出现平坦的水库。这种规模的蓄水能极大程度地补给河流或下渗补充地下水，可以有效缓解枯水期河流缺水或断流的问题。

河流湿地

"大禹理百川，儿啼不窥家。杀湍湮洪水，九州始蚕麻"——防洪功能

　　李白的《公无渡河》中曾这样描述大禹治水：大禹也为治理这泛滥百川的滔天洪水，不顾幼儿的啼哭，毅然离家出走。在治水的日子里，他三过家门而不入，一心勤劳为公，这才治住了洪水，使天下人民恢复了男耕女织的太平生活。而以"堵不如疏"作为治水主导思想的大禹也在治水中使河流湿地发挥了最大的功效：河流生态系统的沿岸植被、洪泛区和下游的沼泽等湿地具有蓄洪能力，可以削减洪峰，滞后洪水发生时间，减少洪水造成的经济损失。在多雨或涨水的季节，流入河流的过量的水被河流湿地储存起来，直接减少了下游的洪水压力。

"蒹葭苍苍，白露为霜"——土壤保持功能

《诗经》中提到的"蒹葭"是芦苇的一种，这种植物多生于低湿地或浅水中。河川径流进入湿地、沼泽后，水流分散、流速下降。在密生的蒹葭帮助下，河水中携带的泥沙会沉积下来，从而发挥截留泥沙、避免土壤流失，淤积造陆的功能。

"一水护田将绿绕，两山排闼送青来"——涵养灌溉功能

王安石的《书湖阴先生壁》描写了一条小河环绕农田的景象，而这也揭示了大部分人对河流功能的第一印象。河流湿地提供了主要的灌溉水源，有利于农业的发展。例如，黄河为宁夏平原、河套平原提供灌溉水源，促进了当地农业的发展。而洪泛区涵养的地下水在枯水期可对河川径流进行补给。

"飞流直下三千尺，疑是银河落九天"——水能供应功能

李白用瑰丽的诗句描绘了庐山瀑布壮美的景色，但藏在这首《望庐山瀑布》之后的，是被当时的人忽略的工业潜能。河流因地形地貌的落差产生并储蓄了丰富的势能。在一些国家，经历了人力—畜力生产之后，他们发现了水力带来的丰厚收益，沿着河岸，一座座水力磨坊、水力作坊被建立起来，这从某种程度上也推进了工业革命。

水能是最清洁的能源，而相比低效的水力磨坊，水力发电是水能源的有效转换方式，众多的水力发电站借此而兴建，为人类提供了大量能源。世界上有24个国家依靠

水电为其提供90%以上的能源，有55个国家依靠水电为其提供40%以上的能源。中国的水电总装机数量居世界第一，年水电总发电量居世界第四。至20世纪末，中国水电装机总量约为4770万千瓦，年发电量约为1560亿千瓦时。

"漫江碧透，百舸争流"——航道运输功能

河流生态系统承担着重要的运输功能。河水的浮力特性为承载航运提供了优越的条件，水运事业借此快速发展，人们甚至修造人工运河发展水运。中国古代修建的京杭大运河对中国南北地区的经济、文化发展与交流，特别是对沿河地区工农业经济的发展起到了巨大作用。内陆航运具有廉价、运输量大等优点，因此，人们修建人工运河，发展内陆航运。例如，长江三角洲地区依托长江干支流发达的水运，可以联系广大的内陆地区，为长江三角洲地区的发展提供了优越的条件。即使在如湘江一样的地方水系中，也能出现"看万千山峰全都变成了红色，一层层树林好像染过颜色一样，江水清澈澄碧；一艘艘大船乘风破浪，争先恐后"的航运景象。

"蒌蒿满地芦芽短，正是河豚欲上时"——物质生产功能

生态系统最显著的特征之一就是生产力。生物生产力是生态系统中物质循环和能量流动这两大基本功能的综合体现。河流生态系统中自养生物（高等植物和藻类等）通过光合作用，将二氧化碳、水和无机盐等合成为有机物质，并把太阳能转化为化学能贮存在有机物质中，而异养

生物对初级生产的物质进行取食加工和再生产从而形成次级生产。河流生态系统通过这些初级生产和次级生产，生产了丰富的水生植物和水生动物产品，为人类生存提供了物质保障，包括：①初级生产为人们提供了许多生活必需品和原材料以及畜牧业和养殖业的饲料；②为人类提供了优质的碳水化合物和蛋白质。

美食诗人苏轼的《惠崇春江晚景二首》年年岁岁被后人吟唱，使人们沉浸旖旎春光的同时，也引发了千百年来人们对于江南风物长江三鲜之河豚的无限遐想。就连宋代在江阴做过签判的著名词人辛弃疾也毫不吝啬表达自己对河豚的喜好，写下了"江头杨柳路，马踏春风去。快趁两三杯，河豚欲上来"的经典词句。

除了长江三鲜中的河豚，包括西塞山的"鳜鱼肥""莼鲈之思""秋风起，蟹脚痒"等所言水产品在内的一些名特优新河鲜水产品堪称绿色食品，成为人们餐桌上的美味佳肴，保障了人们的粮食安全，满足了人们生活水平日益提高的需要。

"稻花香里说丰年，听取蛙声一片"——生态支持功能

河流生态系统的生态支持功能具体体现在调节水循环、调节气候、促进土壤形成、涵养水源等方面。河流生态系统是由陆地—水体、水体—气体共同组成的相对开放的生态系统。而洪泛区有囤蓄洪水的能力；囤蓄洪水后，促进了降水向地下水的转化，从而调节了河川径流。

洪泛区还有拦蓄泥沙的作用，两岸陆地的树木等植物

通过拦蓄降水，起到涵养水源的作用，同时可控制土壤侵蚀，减少河流泥沙，保持了土壤肥沃，有利于水土保持。辛弃疾在《西江月·夜行黄沙道中》中描写的景象"在稻花的香气里，人们谈论着丰收的年景；耳边传来一阵阵青蛙的叫声，好像在说着丰收年"就蕴含这个道理。

与此同时，河流与大气有大面积的接触，形成降雨，降雨通过水汽蒸发和蒸腾作用又回到天空，可对气温、云量和降雨进行调节，在一定程度上影响着气候。河流具有排沙功能，可将泥沙沉积在河口地区，从而产生大片滩涂陆地。河流生态系统输送泥沙，疏通了河道，泥沙在入海口处淤积，保护河口免受风浪侵蚀，增强了造地能力。同时，河流生态系统运输碳、氮、磷等营养物质，这是全球生物地球化学循环的重要环节，也是河口生态系统营养物质的主要来源。因此，一个完善的河流生态系统应具有较好的蓄洪、涵养水源、调节气候、补给地下水等作用，这对更大尺度上的生态系统的稳定具有很好的支持功能。

"猿愁鱼踊水翻波，自古流传是汨罗"——文化功能

欣赏自然美、创造生态美是人类生活的重要内容，和谐的自然形态与充满生机的生态环境可让人们在享受自然美、生态美的过程中得到人格的发展和升华。韩愈在自己人生中第一次被贬后路过楚大夫屈原殉国的地方，写下了《湘中》，借屈原和面前的汨罗江，留下了"山猿愁啼，江鱼腾踊，水波翻滚，这里自古流传着汨罗江（屈原）故事"的感慨。不同时间的两位文人因为相似的景色，在千年之后形成了灵魂上的共鸣。

不同的河流生态系统深刻地影响着人们的美学倾向、艺术创造、感性认知和理性智慧，各地独特的生态环境在其漫长的文化发展过程中参与塑造当地人的性格和特定的多姿多彩的民风民俗，也直接影响着科学与教育的发展，决定了当地的生产方式和生活水平，孕育不同的道德信仰、地域文化和文明。如历史上显赫一时的古巴比伦文明兴起于当时生机勃勃的幼发拉底河流域和底格里斯河流域；曾经拥有大量热带雨林的尼罗河流域孕育并发展了古埃及文明；黄河曾经是中国农业和文明的摇篮，被誉为"中华民族的母亲河"，在世界文明史上占有重要的地位，这与古时候黄河流域的生态平衡及人与自然的协调发展是分不开的。可见，河流生态系统的文化功能对人类社会的生存发展具有重要的作用。

神农架九冲河（桑翀/摄）

"上善若水。水善利万物而不争"——思想塑造功能

德国存在主义学家雅斯贝尔斯曾经这样评价老子："从世界历史来看，老子的伟大是同中国的精神结合在一起的。"的确，老子和他名义上的学生孔子都主张在现世实现人生和社会的理想，他们对于现世都"保持着乐观的心境"。"在这一心境之中，人们既不知道佛教轮回给人构成的威胁……也没有认识到基督教的十字架……"在这样的心境下，老子与孔子共同开创和奠定了中国哲学的思想范式和基本倾向。

包含着华夏民族智慧的《道德经》中写道：水善于帮助万物而不与万物相争。它停留在众人所不喜欢的地方，所以接近于道。正因为他像水那样与万物无争，所以才没有烦恼。而在其短短的五千言中，与水有关的箴言不胜枚举，如："江海所以为百谷王者，以其善下之，是以能为百谷王。""道冲而用之或不盈，渊兮似万物之宗。"……这些思想深深地影响了随后出现的包括儒家在内的诸子百家，让"水"作为文化的基因，深深地印在了每一个中国人的灵魂深处。

（执笔人：桑翀、蔡凌楚、李婧婷）

生态支持与文化供应者
——河流湿地功能

　　在中国，有两条不得不提的河流，这两条河流的名字在不同的文学作品中被反复提及，那就是长江与黄河。这两条河因为独特的地位被中国人称为自己的"母亲河"，而长江与黄河中的两河流域是中华民族最主要的发源地，并且是中国历史上的经济与文化重心，对中国的经济和文化具有非常重要的意义。

华夏文明塑造者
——两河流域

世界上含沙量最大的河
——黄河

　　李白曾有诗云："黄河之水天上来，奔流到海不复回"，极尽波澜壮阔。黄河被认为是中华民族的摇篮、中华文明的发源地之一。黄河不仅是一条大河，她与黄土地、黄种人、黄帝及"几"字形"中国龙"皆是中华民族的象征。

壶口瀑布

黄河起源于青藏高原巴颜喀拉山北麓的约古宗列盆地，自西向东分别流经青海、四川、甘肃、宁夏、内蒙古、山西、陕西、河南及山东9个省（自治区），最后流入渤海。黄河全长5464千米，流域面积约为79.5万平方千米（含内流区面积4.2万平方千米），是世界第五长河、中国第二长河。黄河流经黄土高原，携带大量泥沙，是世界上含沙量最大的河流。

黄河文明

奔流不息的黄河孕育了中华民族的原始文化与历史文明，早在"三皇五帝"时期，生活在黄河边上的各部落相互融合，最终形成了炎、黄两大部族。炎、黄二帝在黄河边上留下了他们的印记，之后夏、商、周三个朝代的人都主要生活在黄河中下游区域。从公元前21世纪夏朝开始，4000多年的历史中，夏、商、周、秦、汉、唐、北宋7个王朝都在黄河流域建都，其时间延绵3000多年。在相当漫长的历史时期中，中国的政治、经济、文化中心一直处于黄河流域。黄河中下游地区是我国技术与文艺发展最早的地区。中国享誉世界的四大发明——指南针、造纸术、印刷术、火药都发明于黄河流域；不仅如此，《诗经》、唐诗、宋词等经典文学也产生于此。

黄河文明的形成不是一蹴而就的，其形成期大致为公元前4000年至公元前2000年，前后大约经过了两千年，而黄河文明的发展期主要集中在夏、商、周时期。此时的黄河文明主要集中在黄河中下游的以河南省为核心的大中原地区，大中原地区产生的中原文化是黄河文明的核心（表2）。

华夏文明塑造者——两河流域

表 2　黄河史前文化

黄河史前文化	时间	分布
老官台文化	距今 8000 ~ 7000 年	分布于黄河中游地区
裴李岗文化	距今 8000 ~ 7000 年	分布于黄河中游地区
北辛文化	距今 7400 ~ 6400 年	分布于黄河下游地区
仰韶文化	距今 7000 ~ 5000 年	分布于黄河中游地区
大汶口文化	距今 6500 ~ 4500 年	分布于黄河下游地区
马家窑文化	距今 5300 ~ 4050 年	分布于黄河上游地区
中原龙山文化	距今 4350 ~ 3950 年	分布于黄河中下游地区
齐家文化	距今 4200 ~ 3600 年	分布于黄河上游地区
二里头文化	距今 3800 ~ 3500 年	分布于黄河中游地区

在进入 21 世纪新时代的今日，黄河文化仍充满生机与活力，黄河文化与中华民族相生相长。身为中华儿女，我们要继承和大力弘扬黄河文化，以黄河文化为根，深度挖掘黄河文化时代价值，凝聚中华民族之力量，实现民族复兴之目标。

黄河自古多洪泛

黄河自古多洪泛，从古代到 20 世纪 50 年代，黄河下游有记载的灾害数量就有一千五百次之多。黄河改道也有二三十次，大规模的改道有六次，史称"黄河六徙"，几乎每一次改道都给古时的中国带来一场持久的灾难（表 3 ）。

我们不仅能从文字记载中得知黄河的故事，还可以从文人骚客的诗赋、口耳相传的典故中追寻它的痕迹。想必

表3 黄河史上六次大改道

事件	时间	结果
黄河第一次大改道	公元前602年	黄河决口于河南浚县,先折向东,又向东北,经山东西北部,入河北境,循今卫河河道,北汇合故道入海
黄河第二次大改道	公元11年	黄河主流东决,从今山东入海,分支溢流在今鲁西豫东一带
黄河第三次大改道	公元1048年	黄河在今濮阳东决口,北流循今卫河入海
黄河第四次大改道	公元1194年	黄河决口于阳武(今原阳),东注梁山泊,分为两派,是历史上著名的"夺淮入海"
黄河第五次大改道	公元1494年	刘大夏筑太行堤以断北流,全河入淮
黄河第六次大改道	公元1855年	黄河于铜瓦厢(今河南兰考县东坝头村西)决口,先流向西北,后折转东北,夺山东大清河入渤海

"三十年河东,三十年河西"的说法大家都不陌生,原来在古代,黄河河床较高,泥沙淤积严重,河道不固定,经常泛滥成灾,因此黄河经常改道,改道后,原来在河东的地方很可能就变为在河西面了,所以俗称"三十年河东,三十年河西"。

我们耳熟能详的"陈桥兵变,黄袍加身"恰好能佐证这一点。公元960年,后周大将赵匡胤统率大军出了东京城(今河南开封),行军至陈桥驿(今河南封丘东南陈桥镇),众将把黄袍加在赵匡胤身上,拥立他为皇帝。赵匡胤即位后,改国号为"宋",仍定都开封。史称这一事件为"陈桥兵变"。如果我们现在打开中国地图,可以惊讶地发现赵匡胤的龙兴之地——陈桥现在竟然是位于黄河的北边,要知道,在当时,陈桥是在黄河的南边。

关于黄河的叙事最早在西周时期就已经开始,正如

华夏文明塑造者——两河流域

《左传·襄公八年》中写的"《周诗》有之曰：'俟河之清，人寿几何？'"

黄河正式进入中国历史是在公元前21世纪，传说中的大禹治水时期。大禹治水成为中华民族的政治典范与文化符号，传递出了一个重要信息：在进入中国历史之初，黄河就是以需要治理的"害河"的面目出现在先民面前。（表4）

表4　三皇五帝至民国时期的黄河治理

时间	治理事件	成果
三皇五帝	大禹治水	改"堵"为"疏"，治理水患
西周	修建堤坝	将堤坝应用于水利农业，形成早期堤坝建设
战国	郑国开凿郑国渠	首开引泾灌溉之先河，极大加强了关中地区的农业发展
秦朝	秦始皇跑马修金堤	修筑了真正意义上抵御洪灾的堤防工程
西汉	贾让治河三策	治河三策中的"人不与河争地"对当代治理黄河水患仍有指导意义
东汉	王景治河	对黄河下游堤防进行修缮，疏通漕运，使黄河进入相对安流期
隋朝	隋炀帝修建永济渠	标志着南北大运河全面贯通，对后世经济、文化产生深刻的影响
北宋	引黄放淤	改善当地土壤，增加农业产量
金元	贾鲁堵塞白茅决口	黄河南迁，夺颍入淮，黄河第五次大改道
明	潘季驯束水攻沙，蓄清刷黄	著《河防一览》，"束水攻沙"的理论对后世治理黄河具有深刻影响
清	栗毓美以砖代埽	堤坝进一步加固，水患减少，许多老砖坝屹立百年不倒
民国	贯台口堵口工程	多种堵决方法并用，改善了黄河水势情况，减少了黄河决口的风险

由于时代背景与技术的局限，之前各朝的黄河治理只能保一时安稳，而无法一劳永逸。中华人民共和国成立后，毛泽东主席十分重视黄河的治理情况，他利用中央批准他休假的时间于1952年10月底至11月初期间先后前往济南、徐州、兰考、开封、郑州、新乡等地对黄河进行实地考察，发出"要把黄河的事情办好"的伟大号召。这句话后来被广为流传，成为动员和激励几代人治理黄河的响亮口号。

在中华人民共和国成立后的1972年至1999年的28年中，黄河有22年发生断流现象，其中的1997年断流时间高达226天，断流河道长达704千米，从入海口一直上延至河南开封。1999年3月，在水利部黄河水利委员会的领导下，我国正式对黄河水进行统一调度，通过调水调沙，用水库调节库容，输沙入海，实现黄河下游河道主河槽不淤积的目标，至此翻开了"人民治黄"的新篇章。1999年至今，黄河未再发生断流现象。黄河从频繁断流到河畅其流、浇灌阡陌沃野、泽被万户千家，"人民治黄"已成为民族复兴的重要举措，留在中华儿女的记忆中。

几千年来，我国先辈们与黄河水患艰苦的漫漫斗争贯穿了中华民族的奋斗史，面对黄河水患的持续破坏，先辈们不断和黄河洪水灾害作斗争，先后提出不同的黄河治理理念，创造新的黄河治理技术与工具，形成了优秀的黄河治理文化与精神财富。了解黄河治理历史对进一步提高我国文化软实力、汇聚中华民族的凝聚力与向心力、塑造中华民族坚忍不拔与团结奋斗的精神具有深刻意义。伴随着中国浩荡前行的步伐，黄河必将更好地造福中国人民和中华民族。

九曲黄河

黄河生物多样性

黄河是我国重要的水源地和水生生物宝库，有重要的生物多样性保护价值，其生物多样性保护和生态功能维持极其重要，但随着人类活动影响的加剧，黄河生物多样性遭到严重破坏。

黄河流域分布有中国特有鱼类共69种，其中，黄河特有鱼种27种。据统计，流域内共有珍稀濒危鱼类24种，其中属于黄河特有种的为11种，如骨唇黄河鱼、北方铜鱼等。2021年发布的《国家重点保护野生动物名录》中，黄河特有鱼类北方铜鱼的保护等级已经被列入国家一级，在《中国物种红色名录》中被列为濒危物种；大鼻吻鮈、平鳍鳅鮀、多鳞白甲鱼、骨唇黄河鱼、极边扁咽齿鱼、厚唇裸重唇鱼、拟鲇高原鳅、秦岭细鳞鲑、哲罗鱼9

种鱼类的保护等级也被列入国家二级。黄河主要经济鱼有花斑裸鲤、黄河裸裂尻鱼、瓦氏雅罗鱼、黄河鲤鱼、鲫鱼等。

北方铜鱼　鲤形目鲤科铜鱼属。俗名"鸽子鱼""尖嘴""沙嘴子""黄头鱼"，是黄河特有种，栖息于河湾及底质多砾石、水流较缓慢的水体中。其生长速度快，肉质细嫩鲜美，具有很高的经济价值和较好的养殖前景，但因人类活动影响和过度捕捞，其种群数量急剧下降。属于国家一级保护野生动物。

骨唇黄河鱼　鲤科黄河鱼属。为黄河上游特有鱼类，仅分布于青海省龙羊峡以上的黄河上游及其支流白河和黑河，栖息于高原海拔3000～4300米的宽谷河段和湖泊中。属于国家二级保护野生动物。

极边扁咽齿鱼　鲤科扁咽齿鱼属。头锥形，体长，侧扁，体背隆起，腹部平坦。极边扁咽齿鱼是一种冷水性鱼，仅见于中国黄河上游青海省海拔约3380米的玛曲县扎陵湖、鄂陵湖、星宿海及约古宗列曲等干支流，在扎陵湖为优势鱼种。属于国家二级保护野生动物。

黄河鲤　别名"鲤拐子""鲤子""黄河金翅鲤"。鲤科鲤属，体侧扁，腹圆。产自黄河的黄河鲤鱼鳞片金黄闪光，体态丰满，肉质肥厚，细嫩鲜美，营养丰富。

想必大家都听过"鲤鱼跳龙门"的故事吧。生活在黄河里的鲤鱼想要前往龙门，于是从河南孟津出发，通过洛河，又顺伊河来到龙门山脚下，但龙门山上无水路无法通过，这时就有一条鲤鱼提议大家跳过去。大家都很害怕，不敢尝试。这条鲤鱼站了出来，自告奋勇地奋力一跃，竟然越过了龙门，眨眼间变成了一条巨龙。剩下的鲤鱼看见后纷纷尝试翻跃龙门，可是只有个别的跳过去化为龙。没有跳过去，从空中摔下来的，额头上就落一个黑疤。直到今天，这个黑疤还长在黄河鲤鱼的额头上呢。后来，唐代诗人李白专为此写了一首诗："黄河三尺鲤，本在孟津居。点额不成龙，归来伴凡鱼……"。

黄河鲤

黄河典故

黄河是中华儿女赖以生存的摇篮，它见证了代代中华儿女人生的起起伏伏，它的身影所到之处留下了诸多脍炙人口的典故与诗词歌赋。下面让我们走进黄河的文化盛景，欣赏黄河之美吧。

泾渭分明 汉语成语，出自《诗经·邶风·谷风》。是指泾河水、渭河水一清一浊，泾河的水流入渭河时清浊不混。

渭河古称"渭水"，是黄河最大的支流。渭河发源于甘肃省定西市渭源县鸟鼠山，源头处留下大禹"治水导渭"的传说；在陇东山区深切下行，途经天水，伏羲、女娲相传在此繁衍生息；距今最远8000年的大地湾遗址中埋藏着中国最古老的农耕印记。渭河背靠秦岭北麓，面朝黄土高原，位于黄河流域中心，处于黄河文明的"心脏地带"。渭河流经甘肃，其携带的泥沙冲积形成肥沃的关中平原，于是渭河被称为"秦陇大地（今陕西、甘肃之地）的母亲河"。

泾河是渭河的第一大支流，其发源于宁夏六盘山东麓，上有两源。泾河龙王、柳毅传说的故事仍在泾河流域流传。泾河水利事业历史悠久，如秦朝的郑国渠、近代的泾惠渠等的修建，所以泾河被誉为"陕西关中地区的生命之河"。

牧童遥指杏花村　"清明时节雨纷纷，路上行人欲断魂。借问酒家何处有？牧童遥指杏花村。"唐代诗人杜牧就是在汾河流域写下了这首诗，汾河则见证了外出的游子们浓浓的愁思。

汾河古称"汾"或"汾水"，是黄河的第二大支流。汾者，大也，汾河因此而得名。其源头传统上认为是山西省宁武县境内管涔山脚下的雷鸣寺泉，现代考察认为其源头在神池县太平庄乡西岭村。汾河是一个支流众多的河流，其支流几乎遍布山西省大部分地区。汾河养育了山西近半数的人口，是当之无愧的山西"母亲河"。隋唐宋元时期，管涔山上的奇松古木经汾河入渭河，再运到长安等地，史称"万木下汾河"。

河图洛书　出自易经《系辞·上》，即"河出图，洛出书"。图6所示是古代流传下来的两幅神秘图案，蕴含了深奥的宇宙星象之理，被誉为"宇宙魔方"，是中华文化、阴阳五行术数之源。

相传，上古伏羲氏时，洛阳东北孟津县境内的黄河中浮出龙马，背负"河图"，献给伏羲。伏羲依其演成八卦，后成为《周易》来源。

华夏文明塑造者——两河流域

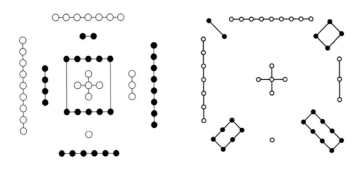

图6 河图与洛书

又相传，大禹时，洛阳西洛宁县洛河中浮出神龟，背驮"洛书"，献给大禹。大禹依其治水成功，划天下为九州。又依其定九章大法，治理社会，流传下来被收入《尚书》，名《洪范》。这里的"河"指的是黄河，这里的"洛"指的是南洛河。河图洛书传说被列入第四批国家级非物质文化遗产名录。

南洛河古称"洛河"或"洛水"，为黄河右岸重要支流。其发源于陕西省商洛市洛南县洛源镇的龙潭泉，流经陕西省东南部及河南省西北部洛阳市境内，在河南省巩义市注入黄河。南洛河在中华文明的发展过程中占有重要地位，与黄河交汇的中心地区被称为"河洛地区"，是华夏文明发祥地，河洛文化被称为"中华民族的根文化"。

但使龙城飞将在，不教胡马度阴山 出自唐代诗人王昌龄的边塞诗，意为倘若龙城的飞将如今还在，绝不让匈奴南下的牧马度过阴山。那些可歌可泣的戍守边疆、保卫家园的故事就发生在河套平原上。

河套平原位于中国内蒙古自治区和宁夏回族自治区，是黄河沿岸的冲积平原。黄河在这里弯曲，呈"几"字形，形似套状，故称河套。河套平原分三大块，分别为前套平原、后套平原、西套平原，面积约2.5万平方千米。河套平原因有黄河灌溉之利，所以农牧业发达，且湖泊众多，湿地连片，风景优美，胜似江南。历史上，河套平原是中原王朝与北方游牧王朝的边界，从秦朝到宋朝，中原王朝定都在西安、洛阳、开封等地，河套平原一旦被攻陷，匈奴就可轻易杀到中原核心，所以河套平原是历朝历代防御的重点，在河套平原上涌现了许多抗击匈奴、戍守边疆的英雄儿女。

华夏文明塑造者
——两河流域

中国第一大河
——长江

长江发源于"世界屋脊"青藏高原的唐古拉山脉各拉丹冬峰西南侧。长江干流自西向东横贯中国中部，位于东经90°33′~122°25′、北纬24°30′~35°45′，流经青海、西藏、四川、云南、重庆、湖北、湖南、江西、安徽、江苏、上海共11个省（自治区、直辖市），于崇明岛以东注入东海，全长6397千米，在世界大河中长度仅次于非洲的尼罗河和南美洲的亚马孙河，居世界第三位。流域面积达180万平方千米，约占中国陆地总面积的1/5，多年平均年径流量约9600亿立方米，占中国河流年径流量的36%，仅次于亚马孙河与刚果河，居世界第三位；水能蕴藏量为2.68亿千瓦，占全国水能蕴藏量的40%，其中可开发量为1.97亿千瓦，占全国可开发量的53.4%，仅次于刚果河与亚马孙河，也居世界第三位。

长江文明

"孤帆远影碧空尽，唯见长江天际流"，长江这一奔涌数千年的巨龙如世间遗留的璀璨星河，哺育了多少中华儿女，见证了中华民族的发展与兴衰。长江和黄河同为中华

长江三峡之瞿塘峡

民族的母亲河，在漫长的岁月中各自形成了长江文明与黄河文明。长江流域的先民凭借优厚的自然条件，发挥聪明才智，创造出各区段文明。长江流域分为上、中、下游，从新石器时代到青铜时代，长江文明在各个区段的发展各不相同，总体而言，长江上游有1~4期三星堆文化，长江中游以彭头山文化 — 城背溪文化 — 大溪文化 — 屈家岭文化 — 石家河文化的顺序逐步演变，但石家河文化由于夏商文化的南下而被取代。长江下游以河姆渡文化 — 马家浜文化 — 崧泽文化 — 良渚文化的顺序演进；此外，凌家山文化的"有巢氏"文化也是中华文化重要的组成部分。

长江和黄河共同构成华夏文明的发源地——两河流域，但在世界文明史的大背景下来看，西亚也存在幼发拉底河与底格里斯河发展而来的"两河文明"，但我们可以发现两种文明呈现的是不同的发展轨迹。从地理角度看，西亚的幼发拉底河与底格里斯河相距不远，上游相距稍远，中游已开始接近，最近处不足百里[①]，而二者下游更近，今天已并流。这就导致二者地理、气候的相似性，造就了西亚两河文明的"文化一体化"。而华夏的长江和黄河河体相距数百里至数千里不等，地貌、气候各不相同，因此，"两河流域"孕育出的长江文明与黄河文明必然会有不同的鲜明特征。长江文明的介绍如下。

自然条件　长江西部横断山脉耸立，青藏高原横卧，使得来自太平洋温暖湿润的东南季风被拦截在其东部，长江从而成为北纬30度线附近不可多得的雨量充沛地带。充沛的降水与丰富的热能使长江文明的蓬勃发展有了良好基础。长江还拥有复杂的河流网络，这不仅有利于灌溉，还能提供航运之便。

三大文化区　长江流域处于东亚地区，其地形较为封闭，按上、中、下游划分文化区，可依次分为巴蜀 — 荆楚 — 吴越三个大的文化区，分别由上游的古巴人、古蜀人，中游的古楚人和下游的古越人创造。各活动区域相对封闭，随着交通与生产力的发展，各地区沟通日渐频繁，不同区域文化相互融合发展，长江文明在保持各地区域文化特色的同时融入中华文化的海洋，成为以汉文化为主体的中华文化的重要一支。

文明标志　一般，学术界以金属工具、文字和城市的出现作为进入文明门槛的标志。每个文明都存在可以突出自身特征的文明标志，例如，尼罗河下游的金字塔、木乃伊和象形文字等。而最能体现长江流域早期文明水平的文明标志当数玉器。长江流域新石器时代的玉石制品在长江上游的宝墩文化、三星堆文化、金沙文化，长江中游的大溪文化、薛家岗文化、石家河文化，长江下游的河姆渡文化、马家浜文化、良渚文化中均有出现。而其中以良渚文化的玉器制作及玉文化最具代表性。良渚玉器不仅制作精美，种类繁多，而且与政权建设和大型礼制活动紧密联系在一起。良渚文化中成组的玉礼器表明了拥有者的身份、等级和地位，彰显了聚落的等级和规模，这在良渚古城遗址中有鲜明的体现。良渚古城遗

———————
① 1里=500米。以下同。

址是长江下游地区首次发现的新石器时代城址，在陕西神木石峁遗址发现之前，是中国最大的史前城址，一直被誉为"中华第一城"。良渚古城外围水利系统工程是迄今所知中国最早的大型水利工程，也是世界最早的水坝。良渚古城是中国长江下游环太湖地区的一个区域性的早期国家的权力与信仰中心。2019年7月6日，良渚古城遗址被列入世界遗产名录。

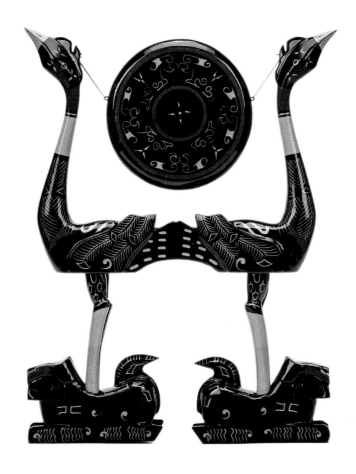

楚文化标识——虎座鸟架鼓

华夏文明塑造者——两河流域

良渚玉琮王（Siyuwj/摄）

长江水系

长江发源地　长江发源地是一个宽阔的地理单元，它包含昆仑山至唐古拉山之间的广阔地域，东西长约400千米，南北宽约300千米，总面积达10万多平方千米。长江源有三源，分别是北源楚玛尔河、西源沱沱河、南源当曲。对长江源进行细致的考察前，公认的结论是长江发源于各拉丹冬雪山的沱沱河，但确定大河源头，应以河源唯远、水量唯大和对应于河流主方向等为标准。2008年，包括地理学、测绘学学科在内的学科专家通过卫星遥感和科考测量发现，当曲的水流量是沱沱河的5至6倍，流域面积是沱沱河的1.8倍，就此更改了一个结论：当曲源头且曲应作为长江正源。

长江干支流　长江干流全长6397千米，可分为上、中、下游三个部分。上游是宜昌以上的部分，长4504千米。直门达至宜宾一段为金沙江，长3464千米，落差约5100米，约占全江落差的95%，主要支流有雅砻江。宜宾至宜昌一段为川江，长1040千米，其主要支流包括北岸的岷江、嘉陵江和南岸的乌江。中游是宜昌至湖口的部分，长955千米，本段主要支流包括南岸的清江及洞庭湖水系的湘、资、沅、澧四水和鄱阳湖水系的赣、抚、信、修、饶五水及北岸的汉江。下游是湖口以下的部分，长938千米，其主要支流有南岸的青弋江，水阳江水系、太湖水系和北岸的巢湖水系河流。

长江有数以千计的大小支流。雅砻江、岷江、嘉陵江、乌江、汉江、沅江、湘江、赣江八条支流就是人们常讲的长江八大支流。长江支流流域面积为1万平方千米以上的支流有49条，主要有嘉陵江、汉水，岷江、雅砻江、湘江、沅江、乌江、赣江、资水和沱江；流域面积为5万平方千米的支流为嘉陵江、汉江、岷江、雅砻江、湘江、沅江、乌江和赣江；总长1000千米以上的支流有汉江、雅砻江、沅江和乌江；年平均径流量超过500亿立方米的有岷江、湘江、嘉陵江、沅江、赣江、雅砻江、汉江和乌江。

长江精灵

长江是世界上生物多样性最丰富的河流之一，是我国淡水渔业的摇篮。长江还拥有许多珍稀的特有鱼类和濒危水生野生动植物，其中，国家一级保护水生野生动物在我国《水生野生保护动物名录》中占2/3。

水中大熊猫——白鱀豚　哺乳纲鲸目的一种水生哺乳动物。体呈纺锤形，体长1.5～2.5米，体重可达230千克。白鱀豚在第三纪中新世及上新世就已经出现在中国长江流域。2018年世界自然保护联盟（IUCN）发布，白鱀豚被评为"极危"动物，被称为"水中大熊猫"。

白鱀豚是我国长江中下游特有物种。历史上白鱀豚的身影活跃在长江的广泛江段，但受到人类活动的影响，白鱀豚的栖息地逐渐缩小，1990年以后在洞庭湖和鄱阳湖绝迹，在长江干流的分布上限也移至宜昌葛洲坝下游170千米处的荆州附近，下限缩减更为严重，到南京附近便

白鱀豚（Roland Seitre/摄）

已踪迹罕至。最后一次有关白鱀豚的明确记载是2004年8月在南京江段发现的一具白鱀豚尸体。

微笑天使——长江江豚　俗称"江猪"，属于哺乳纲鲸目鼠海豚科。体长一般在1.2米左右，最长的可达1.9米，貌似海豚，体形较小，头部钝圆。长江江豚浑身为银灰色或银白色，看起来非常的高贵、高级，大约可以活二十年之久。长江江豚因其外观可爱圆润，广泛地获得人们的喜爱和认可，被称为"微笑天使"。

长江江豚生活在长江中下游，其栖息地范围到上游1600千米处，即宜昌以上的峡谷（海拔200米）。该范围内包含鄱阳湖和洞庭湖及其支流赣江和湘江。长江江豚近年来数量锐减，食物匮乏是影响江豚生存的主要原因。截至2018年，其种群数量约1012头，现今被列为国家一级保护野生动物。

水中活化石——中华鲟　属硬骨鱼纲鲟科。又名达氏鲟。体呈纺锤形，头尖吻长，口前有4条吻须。常见个体体长0.4~1.3米，体重50~300千克；最大个体体长5米，体重可达600千克，是长江中最大的鱼，故有"长江鱼王"之称。中华鲟生命周期较长，最长寿命可达40年。

江豚（黄丹/摄）

中华鲟是长江上游独有的珍稀野生动物，已有1.5亿年的历史。21世纪初，中华鲟自然繁殖活动停止，野生种群基本绝迹。

夏秋两季，生活在长江口外浅海域的中华鲟洄游到长江，历经3000千米以上的溯流搏击才回到金沙江一带产卵繁殖。产后待幼鱼长到15厘米左右，又携带它们旅居外海。中华鲟就这样世代代在江河上游出生，在大海里生长。中华鲟被列为国家一级保护野生动物，被IUCN评估为极度濒危物种。

亚洲美人鱼——胭脂鱼　属胭脂鱼科胭脂鱼属。胭脂鱼是胭脂科分布在亚洲大陆的唯一种类，具有重要的学术价值。胭脂鱼因其长大后体色会变得异常艳丽而被人们称为"亚洲美人鱼"。

胭脂鱼分布于长江上、中、下游，上游数量较多。因葛洲坝截流，长江中下游胭脂鱼洄游产卵受阻及人为过度捕捞使胭脂鱼野生群体数量呈下降趋势，胭脂鱼已被列为国家二级保护野生动物。

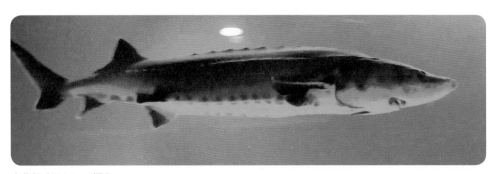

中华鲟（Shizhao/摄）

胭脂鱼（马吉顺/摄）

龙的起源动物——扬子鳄　古代将扬子鳄称为"鼍,"早在商殷的甲骨文里就有记载了,而古人常认为鼍是龙的一种。李时珍的《本草纲目》一书就将扬子鳄称为"鼍龙",老百姓则将它称为"土龙""猪婆龙"。

扬子鳄外形扁而长,体长一般为1.5米,体重15～30千克,明显地分为头、颈、躯干、四肢和尾;头略高起;吻部低平,比其他鳄类短。

扬子鳄是现存23种鳄类中唯一分布于我国的鳄类物种,也是中国特有的一种小型鳄类动物,因起源于中生代,亦被称为"活化石"。扬子鳄曾广泛分布于中国东部的黄河、淮河、长江和钱塘江等流域。随着人类活动和气候变化,其栖息地逐渐收缩至长江下游流域,数量锐减,是国家一级保护野生动物。

长江三鲜——河豚、鲥鱼和刀鱼　长江三鲜是指在长江下游水域中出产的河豚、鲥鱼和刀鱼。长江三鲜都属于洄游鱼类,咸水淡水两栖,每逢春季溯江而上,在淡水产卵繁殖后入海。其肉质特别细嫩腴肥,营养丰富,自六朝

扬子鳄（J. Patrick Fischer/摄）

以来，受到士大夫阶层和文人墨客的极力推崇，史上还发生过苏东坡拼死吃河豚的逸事。

但可惜的是，由于大量捕捞，长江中的鲥鱼已经基本绝迹；野生河豚的数量也变得极为稀少；刀鱼的产量急剧下降，从过去的最高产4142吨下降到年均不足100吨，甚至一度被炒至天价。现如今，鲥鱼是国家一级保护野生动物。

餐桌上的佳肴——武昌鱼 属鲤形目鲤科鲌亚科鲂属。俗称"鳊鱼""团头鲂""团头鳊""平胸鳊"。武昌鱼背部呈青灰色，两侧呈银灰色，而腹部则是一片漂亮的银白色，因为鳞片的黑色素稀少，所以其鳞片中间为浅色，边缘灰黑色。武昌鱼体长为体高的1.9~2.3倍。武昌鱼原产于长江及其附属湖泊，现已推广到全国各地养殖。武昌鱼肉质嫩白，含丰富的蛋白质和脂肪，具有补虚、益脾、养血、祛风、健胃之功效。

从古至今，人们对武昌鱼的追捧络绎不绝，如唐代诗人岑参曾作诗"秋来倍忆武昌鱼，梦著只在巴陵道"，一代伟人毛泽东在武汉三游长江后写出"才饮长沙水，又食武昌鱼"的词句，使得武昌鱼誉满华夏，名扬五洲。

曾经的武昌鱼因肉质鲜美而备受推崇，但也因鱼刺较多而令人望而生畏。而今，华中农业大学的研究团队找到了控制武昌鱼鱼刺数量的基因，并且成功培育

武昌鱼（聂春红/摄）

出了第一代无刺武昌鱼。这样的科学成果令无数爱吃鱼的
人士欢欣鼓舞，并让武昌鱼再次为人津津乐道。不久的将
来，无刺武昌鱼会真正走上平常人的餐桌。

长江三峡与三峡工程

说起长江，就避不开谈论长江上的璀璨明珠——三
峡。长江之美，美在三峡。

长江三峡有瞿塘峡、巫峡、西陵峡，它们常被称为
"大三峡"。长江三峡西起重庆市奉节县的白帝城，东迄湖
北宜昌市的南津关，长193千米。长江三峡风景秀丽，北
魏时郦道元《水经注》描述："自三峡七百里中，两岸连
山，略无阙处。重岩叠嶂，隐天蔽日，自非亭午夜分，不
见曦月。至于夏水襄陵，沿溯阻绝。或王命急宣，有时朝
发白帝，暮到江陵，其间千二百里，虽乘奔御风，不以疾
也。春冬之时，则素湍绿潭，回清倒影。绝巘多生怪柏，
悬泉瀑布，飞漱其间。清荣峻茂，良多趣味。每至晴初霜
旦，林寒涧肃，常有高猿长啸，属引凄异，空谷传响，哀
转久绝。故渔者歌曰："巴东三峡巫峡长，猿鸣三声泪沾
裳。"瞿塘峡的"两岸猿声啼不住，轻舟已过万重山"和

"夔门天下雄"，巫峡的"万峰磅礴一江通，锁钥荆襄气势雄"，西陵峡的"名峡荟萃聚西陵，西陵山水天下佳"道尽了长江三峡景色的壮丽，它也是古往今来文人墨客的灵感之泉所在。

不知读者是否了解三峡独特的景观——悬棺。悬棺是将死者的棺木放置在悬崖绝壁上。置棺高度一般是距离地表10米至50米，最高者达100米。置棺方式一为木桩式，即在峭壁上凿孔2至3个，楔入木桩以支托棺木；二是凿穴式，即在岩壁上凿横穴或竖穴，以盛放棺木；三是利用岩壁间的天然洞穴、裂缝盛放棺木。一直以来，我国考古学家都在争论三峡悬崖峭壁上的悬棺里主人的身份。2005年，复旦大学的研究者采集了悬棺内遗骨的细胞线粒体DNA，成功提取出7个样本，与55个人群的4500多个现代人的线粒体数据进行比对分析，结果发现，古代悬棺中人的遗传序列上的信息特质与百濮人和南岛人所具有的特质非常相近，而后者则是由广东、福建一带的古百越人迁徙融合诞生的。

我们惊叹于大自然的鬼斧神工造就了三峡秀丽壮美、如诗如画的风景。身为华夏儿女，我们也在下面翻开我们三峡工程的时代篇章（图7）。

三峡工程即三峡水利枢纽工程，位于长江三峡西陵峡内的宜昌市夷陵区三斗坪，并和其下游38千米处的葛洲坝水电站形成梯级调度电站。它是世界上规模最大的水电站，是中国有史以来建造的最大的水坝。三峡工程主要有三大效益，即防洪、发电和航运效益，其中，防洪效益被认为是三峡工程最核心的效益。三峡水电站大坝高181米，正常蓄水位175米，大坝长2335米，静态投资1352.66亿人民币，安装了32台单机容量为70万千瓦的水电机组。2012年7月4日，三峡电站最后一台水电机组投产，这意味着，装机容量达到2240万千瓦的三峡水电站已成为全世界最大的水力发电站和清洁能源生产基地。2020年11月15日8时20分，三峡工程发电量已达到1031亿千瓦时，打破了此前南美洲伊泰普水电站于2016年创造并保持的1030.98亿千瓦时的单座水电站年发电量世界纪录。

三峡水库，是三峡水电站建成后蓄水形成的人工湖泊，长达600千米，总面积为1084平方千米。三峡水库防洪库容为221.5亿立方米，总库容达393亿立方

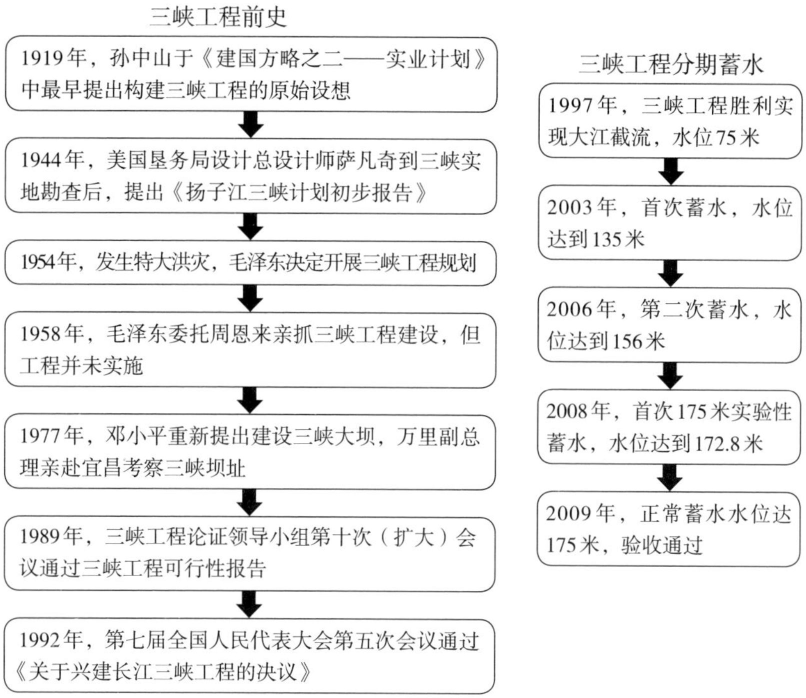

三峡工程前史

1919年，孙中山于《建国方略之二——实业计划》中最早提出构建三峡工程的原始设想

↓

1944年，美国垦务局设计总设计师萨凡奇到三峡实地勘查后，提出《扬子江三峡计划初步报告》

↓

1954年，发生特大洪灾，毛泽东决定开展三峡工程规划

↓

1958年，毛泽东委托周恩来亲抓三峡工程建设，但工程并未实施

↓

1977年，邓小平重新提出建设三峡大坝，万里副总理亲赴宜昌考察三峡坝址

↓

1989年，三峡工程论证领导小组第十次（扩大）会议通过三峡工程可行性报告

↓

1992年，第七届全国人民代表大会第五次会议通过《关于兴建长江三峡工程的决议》

三峡工程分期蓄水

1997年，三峡工程胜利实现大江截流，水位75米

↓

2003年，首次蓄水，水位达到135米

↓

2006年，第二次蓄水，水位达到156米

↓

2008年，首次175米实验性蓄水，水位达到172.8米

↓

2009年，正常蓄水水位达175米，验收通过

图7　三峡工程建设历史

米，可充分发挥其在长江中下游防洪体系中的关键作用，并将显著改善长江宜昌至重庆660千米的航道，万吨级船队可直达重庆港。三峡水库还是南水北调的后备水源，为中国提供充裕的淡水战略储备。

（执笔人：林孝伟、桑翀、田震）

华夏文明塑造者

——两河流域

　　中国西北有着"三山夹两盆"的地形特点：南边是昆仑山，北边是阿尔泰山，中间由天山分隔出南部的塔里木盆地与北部的准噶尔盆地两大盆地。准噶尔盆地的古尔班通古特沙漠是世界上距海最远的陆地，距离最近的海岸线有2648千米。从这些描述中我们可以感觉到，这里是一片炎热而干旱的土地。的确，中国西北是典型的温带沙漠气候：那里的吐鲁番市年平均降水量甚至不足20毫米。在这样干旱炎热的土地上，却也流淌着奔涌的河水⋯⋯

丝绸之路守护者
——中国西北的河流

文明摇篮——河流湿地

迈向北冰洋的蓝色河湾
——额尔齐斯河

　　我们总能在从古至今的诗歌中找到烟雨江南、大漠戈壁、无际草原、雪原林海，也能感受到河流的奔腾和生命孕育的艰辛。我国的地势西高东低，大家印象里大江大河大多自西向东而流，例如，长江、黄河。正如诗歌中写的"百川东到海，何时复西归"。然而，在中国广袤的土地上，就有那么一条大河反其道而行，它自东向西，穿过大山，跨越国界，最终流入北冰洋，它就是新疆的额尔齐斯河。当代作家刘春泉在《远嫁的额尔齐斯河》中写道："你瞧她，穿上蓝色的婚纱，像一条蓝色的飘带，奔向北方，奔向北冰洋"，这是对额尔齐斯河的浪漫诠释。额尔齐斯河全长4248千米，在中国境内的长度达546千米，流域面积达5.7万平方千米，流量每年在111亿立方米左右，是新疆的第二大河流，流量仅次于伊犁河。额尔齐斯河是中国唯一自东向西而流的大河，也是中国唯一一条北冰洋水系河流。其发源地位于阿尔泰山的南坡，自东南向西北，沿途汇集众多支流，进入哈萨克斯坦的斋桑泊，短暂停留后，经俄罗斯与鄂毕河相聚，最终汇入北冰洋。

"金山"与"银水"

额尔齐斯河起源于阿尔泰山南坡。阿尔泰山蒙古语意为"金山",因盛产金矿而得名,是亚洲最宏伟的山系之一,横亘蒙古、中国、哈萨克斯坦、俄罗斯四国。中国境内的阿尔泰山属于其中段的西南山坡,地形上表现为西北高宽,东南低窄,海拔在1000~3500米,北部最高的友谊峰海拔达4374米。阿尔泰山在地质构造上属于阿尔泰地槽褶皱带。山体最早出现于加里东运动,华力西运动末期形成基本轮廓,此后山体被夷为准平原。喜马拉雅运动使山体沿西北方向断裂,断块位移上升,从而形成了如今的阿尔泰山面貌。

阿尔泰山山区气候垂直变化明显,具有冬长夏短、春秋不明显的特征。西风环流带来的水汽沿着额尔齐斯河谷地和哈萨克斯坦的斋桑泊谷地长驱直入,向北遇阿尔泰山,然后向上抬升产生降水,降水量自西向东呈递减趋势。阿尔泰山高海拔区降雪常多于降雨,且积雪时间随海拔升高而延长。

与阿尔泰山遥相呼应的两条大河分别为额尔齐斯河和乌伦古河。其中,额尔齐斯河被称为"银水",不仅因为这条河中含有大量金矿、银矿,富有极高价值,而且其水体清澈、风光秀美。其作为阿勒泰各族人民的母亲河,千百年来滋养着这块土地,养育着我国60万各族儿女,产生了无数的城镇和村庄,其在当地人心中的地位极为重要。额尔齐斯河的水源主要是降水以及阿尔泰山融化的积雪和冰川,其水量丰富,水能富集,航运条件优越,对我国新疆地区经济社会发展意义重大。

额尔齐斯河沿岸风光壮美,河谷宽广,水势浩荡,水量在新疆仅次于伊犁河，河流水量排行居新疆第二位。河床中巨砾重叠，银波翻腾，河曲异常发达，蕴藏着丰富的水能。下游的大支流布尔津河和哈巴河的河床中水滩林立，碧水茫茫，河谷中湖沼密布，水草丛生，阡陌相连，绿树成荫，呈现一派"大漠水乡"的壮丽图景。

独特的梳状水系

中国境内的额尔齐斯河上游源头由喀依尔特河和库依尔特河两条主要支流汇聚而成，在富蕴县附近出山口后折向西，流经阿勒泰市、北屯市、布尔津县和哈巴河县，最终从185团北湾出境，途中汇入的支流主要分布在干流北侧，包括喀拉额尔齐斯河、克兰河、布尔津河、哈巴河和别列则克河。支流全部发源于阿尔泰山，干流南侧没有支流，因此形成了典型的梳状水系（图8）。

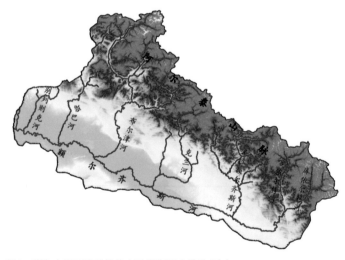

图8 额尔齐斯河流域梳状水系示意图（桑翀/绘）

雅丹地貌的神秘五彩滩

额尔齐斯河东岸，在一片戈壁荒漠中有一个五彩缤纷的世界，那是以怪异、神秘、壮美而著称的五彩滩。千百年来，由于地壳运动，在这里形成了极厚的煤层，几经沧桑，覆盖地表的沙石被风雨剥蚀，使煤层暴露，在雷电和阳光的作用下燃烧殆尽，就形成了光怪陆离的自然景观。五彩滩分布面积在3平方千米左右，它色彩绚烂，形态诡异。五彩滩一河两岸，南北各异：南岸有绿洲，沙漠与蓝天相接，风光尽收眼底，这里生长茂盛的树林，与北岸寸草不生的彩岩形成天然反差；北岸山势起伏，颜色多变，由激猛的河流侵蚀切割及狂风侵蚀共同作用而形成。由于河岸岩层抗风化能力的强弱不同而形成了参差不齐的轮廓。这里的岩石颜色多变，且在落日时分的阳光照射下，岩石的色彩以红色为主，间以绿、黄、白、黑及过渡色，色彩斑斓、娇艳妩媚，号称是"新疆最美的雅丹地貌"。

五彩滩盛行大风，使原来平坦的地面变化出许多陡峭隆岗和宽浅的沟槽，维吾尔族称之为"雅丹"。长此以往，"雅丹"一词成为世界上地理学和考古学的通用术语，因此五彩滩也是雅丹地貌的典型代表之一。这种地貌通常出现在干旱少雨、植被稀少的地区。因为植被稀少，即使偶尔降雨，对土壤的冲刷也十分明显，容易形成沟谷；同样由于植被稀少，常年的大风吹蚀又极易改变地表土质，使其形成了外表圆滑但完全不同的形状。不同地区的雅丹地貌表现各异，与当地的土质、金属矿物质成分及其含量密切相关。金属矿物质种类多，含量大，则土壤呈现出红色、橘色、黄色、淡黄色、土黄色、紫色、绿色、白色、黑色等缤纷的色彩。而五彩滩因为有侏罗纪时代的煤层，所以经过千万年风雨侵蚀及流水冲刷，在几乎寸草不生的河滩出现了红、绿、紫、黄、棕等鲜艳的色彩。一般的雅丹地貌周围是戈壁荒漠景观，但五彩滩的奇妙之处在于它依傍额尔齐斯河，两岸景致反差悬殊，对比明显，构成了两个完全不同的世界。河的一边是郁郁葱葱、茂密的胡杨林，一片绿意盎然；而另一边却是色彩斑斓的岩石土层，是典型的彩丘地貌。

"送子河"的由来

《西游记》中在女儿国附近有一条"子母河"，喝了

新疆五彩滩（桑翀/摄）

"子母河"的水，不论男女都会怀孕生孩子，这个当然是虚构的。小说中有这种神奇的河流，现实中也有相似的河流存在，只不过没有小说中那么神奇，它的名字也不叫"子母河"，而是叫"送子河"，是当地人们赋予额尔齐斯河的另一个别称。

额尔齐斯河被称为"送子河"有这样一段故事：20世纪50年代，有许多苏联专家在富蕴县工作，他们的夫人在莫斯科长期不生育，但来到这里生活一段时间后，由于常喝额尔齐斯河的河水，都成功怀孕生了孩子。因此，人们就把这条神奇的河称为"送子河"。

额尔齐斯河的水源主要是阿尔泰山上的冰雪融水。经过科学考证，人们发现河水中含有大量的重氢，重氢主要来自当地的冰雪。长期饮用含重氢的河水对人体健康是有害的，它会促使女性的内分泌紊乱。但对于排卵量少而不孕的女性来说，却会因祸得福。此外，额尔齐斯河两岸人们所饲养的鸡、鸭、鹅等家禽也因饮用额尔齐斯河的水而使其产蛋量高于其他地区。

杨树的天然基因库

额尔齐斯河纬度上属寒温带针叶林区，但由于该河流经区域处于准噶尔盆地西北部的荒漠平原，气候干旱少雨，因此该流域的植被既具有山地寒温带针叶林的特征，又具有干旱区河谷植被的独特性。额尔齐斯河河谷有许多发育良好的三角洲、滩地，形成了十分优越的生物资源。

河谷内以杨柳科为主的天然林是新疆北部重要的水源涵养林、水土保持林和荒漠防护林，不仅是维护当地生态环境的绿色屏障，也是流域内农牧业及社会经济持续发展

额尔齐斯河河畔的胡杨林（桑翀/摄）

的基础，对新疆北部经济圈的发展影响很大。同时，河谷天然林内分布有许多珍贵、特有的物种资源，尤其是天然分布的杨柳科多个树种，河谷天然林因此被誉为"杨树的天然基因库"，是世界上少有的天然多种类杨柳科植物集中分布区和杨柳科植物的生物多样性热点地区，具有十分重要的保育价值和科研价值。

目前额尔齐斯河河谷天然杨树林可划分为欧洲黑杨

林、银白杨林、银灰杨林、杂交杨林、苦杨林、欧洲山杨林和胡杨林7种。然而，由于人口增长，农牧业的快速发展和额尔齐斯河上游截流引水等对河谷天然杨柳林造成了非常大的压力，致使树木种群的自然更新难以完成，有的杨树如银灰杨的自然种群已濒临灭绝。

丝绸之路守护者
——中国西北的河流

独特的冷水鱼区系

额尔齐斯河特有的生态环境也让河水成为鱼类的家园，尤其是冷水鱼。鲟鱼、哲罗鲑、白斑狗鱼、江鳕等众多名贵鱼都生活在河中。在20世纪50年代以前，额尔齐斯河流域还基本保持着原生态，河中鱼产量丰富。自20世纪90年代初期，额尔齐斯河中的鱼类产量连年减少，目前很多鱼类物种已经濒临灭绝。为恢复河流生态环境、保护濒危物种，额尔齐斯河目前已实施全面禁渔。

额尔齐斯河上游位于中亚山区与欧洲平原的过渡地带，中、下游穿行于西伯利亚平原，它既有北极淡水鱼类区系种类的鱼（例如，江鳕），又有北方平原鱼类和北方山麓鱼类等的鱼（例如，河鲈、拟鲤、丁鱥、细鳞鱼和北极茴鱼等）。额尔齐斯河鱼类区域在世界淡水鱼类区划中属于北界全北区围极亚区中的西伯利亚分区，而我国淡水鱼类分布区划将其划为北方区的额尔齐斯河亚区。其土著鱼类由4个复合体组成。北方平原鱼类复合体：起源于北半球北部亚寒带平原地区的鱼类，有凯氏七鳃鳗、银鲫、金鲫、贝加尔雅罗鱼、高体雅罗鱼、尖鳍鮈、丁鱥、白斑狗鱼、河鲈、黏鲈、湖拟鲤和北方花鳅12种。北方山麓鱼类复合体：起源于北半球亚寒带区的鱼类，有哲罗鱼、细鳞鱼、北极茴鱼、阿勒泰鱥、北方须鳅、阿勒泰杜父鱼6种。北极淡水鱼类复合体：起源于高山寒原带北冰洋沿岸耐严寒的冷水性鱼类，有北鲑和江鳕2种。上第三纪鱼类复合体：为第三纪早期在北半球北部温带地区形成，在第四纪冰川期后残留下来的鱼类，有西伯利亚鲟、小体鲟2种。

额尔齐斯河鱼类分布具有一定的地域性，依据分布范围划分大体上可以分为三类：一是全河分布的鱼类，其分布范围较广，从上游到下游均有分布，但主要分布区有所不同，阿勒泰鱥、尖鳍鮈、北方须鳅、北方花鳅、阿勒泰杜父鱼等鱼类主要分布在干流和各支流的中下游河段；北极茴鱼、江鳕等鱼类虽然在干流也有分布，但主要分布在各支流的中上游河段。二是主要分布在支流上游的鱼类，如哲罗鱼和细鳞鱼，干流虽有分布，但数量极少。三是主要分布在下游的鱼类，种类较多，包括银鲫、贝加尔雅罗鱼、高体雅罗鱼、白斑狗鱼、河鲈、湖拟鲤、黏鲈等土著鱼类及东方欧鳊、鲤和梭鲈等外来鱼类，主要分布在干流下游及

额尔齐斯河白斑狗鱼

附属水体中。

喀纳斯湖"水怪"的传说

20世纪40年代以来，关于尼斯湖水怪的传闻一直不绝于耳。水怪，这种传闻中深藏在水中的不明生物，似乎像一个永远未被参透的谜一样，牵引着人们的视线和注意力，有关水怪的传闻在世界各地频频出现。除了尼斯湖水怪之外，还有喀纳斯湖水怪、长白山天池水怪、青海湖水怪等，这些传闻中的水怪是否真的存在？

在我国，能和尼斯湖水怪齐名的当数喀纳斯湖水怪。

喀纳斯湖位于新疆阿尔泰山西部的额尔齐斯河上游，是一个第四纪冰川作用形成的高山湖泊，湖水的营养含量非常低，过去一直被认为不可能有什么大型生物。当地的图瓦人称，在许久以前，喀纳斯湖就有巨型水怪吞噬岸边牛马的传说。到了1931年，首次出现目击记录，据说当地一位蒙古牧民在湖边目击到了几十个类似于鱼类的巨型水怪。据传闻，当地图瓦人曾组织过猎捕湖怪的行动，但均以失败告终。最近一次是在20世纪80年代，当地两名图瓦族猎人试图捕捉水怪，结果永远消失在水怪经常出没的地方。

1980年，新疆维吾尔自治区人民政府和多家科研单

新疆喀纳斯湖（桑翀/摄）

位组成一支喀纳斯综合考察队前往喀纳斯地区，考察队为寻找到水怪，曾经在湖面上布置了一条上百米长的大网，但第二天大网消失得无影无踪。三天后，有人在撒网处上游两千米的地方无意间发现了考察队所设的渔网，渔网拖上来后已被搅成了一团，还撕开了一个大口子。考察队曾怀疑是水怪所为，但经过考察，并未发现水怪的影子。

1985年，为在喀纳斯成立自然保护区，当地再次在喀纳斯湖地区组织了一次大型的综合性考察，这次科考队在湖面上目击了超过10米的巨型红鱼。发现巨型红鱼后的第三天，两名科考队员用一个特大号鱼钩挂上一只大羊腿和一根长约2.8米的木头作浮漂去钓鱼。在捕捉过程中，水面下虽有鱼游动，但没有一个咬钩，只是看见有一条大鱼经过浮漂旁边与浮漂并排游过，长度大约是浮标的三倍（也就是说长度接近9米），而科考队发现的最大的鱼竟长达15米。这次考察首次留下了喀纳斯湖水怪完整的影像记录，证实了水怪的传闻，并有人猜测水怪就是哲罗鲑。考察结束后，领队的新疆大学生物系的教授向礼陔写了一篇论文，把这一发现公布于众。论文一发表立刻在国内外引起轰动。

2003年的9月27日，中俄边界发生了里氏7.9级的大地震。喀纳斯湖湖区管理局的人员赛力克和仝宝明驾船行进到二道湾时，遇到一条大鱼跃出水面，其在没有完全离开水面的情况下长度有十米以上。

2005年6月7日，一艘满载游客的游艇进入湖区游玩，途经三道湾附近时，离船200多米远的水面上突然激起1米多高、20多米长的浪花。浪花过后，乘船的人们发现离船不远处的水面下出现了一个巨大的身影，快速地向湖心方向游动。

2012年6月21日，新疆喀纳斯景区工作人员王宏桥等人在喀纳斯湖边观鱼台山顶拍到水怪的画面。次日，这段视频在央视《东方时空》节目中播出。

然而，尽管许多人言之凿凿声称看到了水怪，专家们却认为喀纳斯湖其实并没有水怪，被误认为水怪的其实是"大鱼"。喀纳斯湖中大致有8种鱼，除去小型的食草性鱼，专家们把注意力集中在江鳕、北极茴鱼、细鳞鲑、哲罗鲑4种鱼身上。通过反复比较和研究，大家一致把焦点定在了哲罗鲑身上。首先，哲罗鲑在繁殖季节皮肤呈红褐色，其次哲罗鲑也是4种鱼中最凶猛、体型最大的。专家们认为所谓的喀纳斯湖水怪应该就是大型哲罗鲑，俗称"大红鱼"。

然而，迄今为止，从喀纳斯湖中捕捉到的哲罗鲑的长度还没有超过3米的，无法证明湖中有10米长的大鱼。此外，喀纳斯湖的水体是否满足巨型鱼类的生存条件尚未可知。哲罗鲑属于鲑科鱼类，鲑科鱼类的一个重要特性就是繁殖季节洄游，而喀纳斯湖是一个过江湖泊，它的上下游河道都比较狭窄，尤其是和湖区相连的部分，大多是一些乱石浅滩，大鱼又是如何通过的？这些还都是未解之谜。

伊
犁
河
各
族
人
民
的
母
亲
河

——
伊
犁
河

　　伊犁河是世界著名的国际河流，位于新疆天山西部，发源于天山主峰汗腾格里峰北坡（哈萨克斯坦境内），在我国境内汇成主流，在国界处同霍尔果斯河汇合后注入哈萨克斯坦共和国境内的巴尔喀什湖。全长约1500千米，我国境内部分长422千米，流域面积为61640平方千米，年平均径流量为381亿立方米。

　　伊犁河流域湿地是新疆生物多样性最丰富的地区，在新疆乃至国际生物多样性保护中都占有重要位置，主要分布在伊犁河及其三大支流特克斯河、巩乃斯河、喀什河流域两岸河滩地及周边沼泽地区，流域湿地总面积为2394.54平方千米。伊犁河流域两侧地形地貌独特，滩涂面积较大，具有新疆特殊的、有典型意义的西部干旱区域河流湿地特征。河流水质良好，水体污染轻，水生陆生植物资源丰富，水禽、鸟类品种繁多，河流及河道周围湿地生长的草本植物和木本植物达2000余种。每年秋、冬、春三季在此栖息、繁殖或经此迁徙的大天鹅、灰鹤、斑嘴鹈鹕、豆雁、绿头鸭、赤麻鸭及国家一级保护野生动物黑鹳、白鹳、大鸨等动物有363种。

伊犁河（桑翀/摄）

独特的气候

伊犁河谷东、南、北三面有高山屏障，东窄西宽、东高西低的三角形谷地地貌使得北冰洋的寒流和南部塔克拉玛干酷热的沙漠气流对伊犁河谷的影响大为减弱。伊犁河向西敞开的喇叭口又使里海的湿气和巴尔喀什湖的暖流沿伊犁河长驱直入谷地深处，形成了别具一格的湿润大陆性中温带气候。伊犁河流域气温比新疆其他地区高，干流封冻只有60天左右，由于上游主要是岩石高山，因此含沙量也少，加之天山丰富的冰川资源补给伊犁河，从而形成伊犁河这块水源充沛、土地肥沃、草场丰美的独特的自然区域。

西域湿岛，塞外江南

新疆伊犁素有"西域湿岛，塞外江南"之美称。伊犁河又称伊水、伊丽水，它是新疆流量最大的内陆河，也是中国西北地区重要的国际内陆河。伊犁之水灌溉出一片广袤草原，并养育着一代代生活在这里的淳朴人民。

伊犁河流域丰富的水资源、独特的自然环境构造了伊犁别样的湿地和多样的景观，孕育了伊犁丰富的动植物资源，是内陆干旱、半干旱区重要的基因库，也是我国17个优先保护的生物多样性关键地区之一。

伊犁河流域湿地分布广泛，是我国重要的国土资源和自然资源，它与伊犁河流域人民的繁衍、生存、发展息息相关。它具有抵御洪水、调节径流、蓄洪防涝、保护水体、净化水质，降解环境污染、调节气候、美化环境等多种功能，既可以减少洪水灾害，又可以直接为工农业生产提供水源，同时还可以起到防止风蚀，土壤局部沙化、盐渍化，水土流失及旱灾等其他系统不可替代的作用。

河流湿地与社会发展

伊犁河流域湿地资源为流域内的人民提供了大量必需的生产资料和生活资料。伊犁河流域湿地中的河谷次生林及草场，可用作薪材和畜牧业草场。

流域湿地发挥了其水能作用，随着恰甫其海水利枢纽工程、吉仁台水电站等一大批水利水电项目的建设，河流所带来的水能效益日益凸显。

除了直接用于农业和水资源开发外，湿地生物资源还是用于发展轻工业、建筑业的重要原材料，例如，芦苇被用于造纸、房建等领域，进而带动相关加工业的发展。

伊犁河谷风景旅游区均是依托伊犁河流域湿地旅游景观资源而建立的，例如，伊犁尼勒克次生林风景区、伊犁河南岸一大批享誉中外的风景区，壮观秀丽的自然景色使其成为旅游和疗养的胜地。而依托伊犁河流域湿地资源开展的水上娱乐活动，如钓鱼、狩猎、漂流和观鸟，对区域经济发展贡献巨大。

伊犁河流域湿地资源的开发利用对推动伊犁的文明进步与经济发展发挥了重要作用。

野生鱼类的资源现状

伊犁河流域的野生鱼类主要有裸腹鲟、虹鳟、东方欧鳊、草鱼、短尾岁鱼、贝加尔雅罗鱼、赤梢鱼、棒花鱼、银色弓鱼、伊犁弓鱼、斑重唇鱼、新疆裸重唇鱼、西鲤、鲫鱼、银鲫、鲢鱼、新疆高原鳅、欧洲鲇、伊犁鲈、梭鲈、褐栉虎鱼、食蚊鱼等共39种。

伊犁河流域的39种野生鱼基本上都是在下游哈萨克斯坦境内的卡甫其盖水库、巴尔喀什湖越冬。开春后，沿伊犁河溯流而上，在伊犁河乃至其三大支流特克斯河、喀什河、巩乃斯河的河道、河湾、河汊中产卵繁殖。

近年来，随着河流自然生态环境的变化和人类捕捞活动的加剧，伊犁河流域野生鱼类的资源构成、种群结构、规模数量都发生了很大变化，鱼类资源急剧减少，当

伊犁河裸腹鲟

年鱼肥舱满的景象已经不再，如不加强保护，野生鱼类将灭绝。

伊犁河的呐喊——"保护野生鱼类"

为了满足防洪、发电、灌溉的需要，在伊犁河上、下游陆续修建了许多水利工程（包括哈萨克斯坦境内也修建了水利工程）。修建水利工程有利于蓄水防洪，提高农牧业产量。但水利工程建设对伊犁河流域野生鱼类的生存带来了很多负面影响。水文的自然节律发生变化，河道的水量、水位、水质、水温改变，影响河道内浮游生物的生存，从而改变野生鱼类的食物来源。工程造成河道隔断，鱼类洄游受阻，同时破坏了鱼类的产卵场。伊犁河流域的野生鱼类大多是在上游的浅滩、河湾、河汊产卵孵化，而现在许多浅滩变成绿岛，河湾、河汊变成鱼塘或游泳池。

由于伊犁河野生鱼类属纯天然种类，无公害，且体格大、肉质嫩、味道鲜，是有机鱼中的上品。所以，长期以来，其市场价格都高于人工养殖的同等鱼类。过去，伊犁河流域打渔作业方式简单，获得率相对较低。但近年来，受经济利益驱动，加上时代发展，渔民作业工具已全面升级，渔网范围扩大，种类增多，甚至出现电鱼、药鱼、炸鱼等违法捕捞行为，对伊犁河野生鱼类的生存和繁衍造成了极大危害。

20世纪上半叶，苏联对伊犁河流域野生鱼进行鱼类移植驯化。20世纪60年代后，伊犁河上、下游（包括哈萨克斯坦境内的河段）引进外来鱼种，对伊犁河流域的野生鱼类种群结构产生重大影响。部分土著鱼类被自然淘汰，适应能力强的新鱼种成为伊犁河优势种群。比如，西鲤就是1910年左右从哈萨克斯坦阿拉木图附近的池塘引入伊犁河，后扩散到巴尔喀什湖，现已遍及伊犁河－巴尔喀什湖水系，成了伊犁河谷各族群众最喜爱的野生鱼之一。

　　大规模地修建水库、电站对河道的水质影响很大。河道的水流由原来的天然水流变为人为控制水流。水库、电站工程的调蓄、沉淀作用使河道水流一年内大部分时间段变为清水下泄，对河道内浮游生物的生存产生了很大影响，进而有可能使野生鱼类的食物链发生变化，一些野生鱼类由于食物匮乏而面临生存挑战，甚至可能发生灭绝。

中国最大的内流河——塔里木河

塔里木河水系的河流几乎流经整个塔里木盆地，塔里木河是新疆南部一条重要的河流。塔里木河发源于天山山脉及喀喇昆仑山，全长2179千米，流域面积达102万平方千米，是中国最长的内陆河，也是世界第五大内陆河。"塔里木河"是维吾尔语的汉语译名，是"河流汇集"的意思。它被群山环抱，流域内气候干燥，雨量稀少，但是却以古代神秘的楼兰古国和成片的胡杨林风光著称于世。

塔里木河灌溉了新疆维吾尔自治区三分之一的土地，养育着近一半的当地人口。在气候干燥的塔里木盆地，塔里木河用自己宝贵的"乳汁"滋润着两岸的土地，从上游到下游，沿河两岸绿洲绵延，渠道纵横。更加奇特的是那沿岸成片的胡杨林，它就像一条绿色的长廊，给荒漠增添了许多生机。

塔里木河主干最早曾注入罗布泊，而后由于河流水量减少、河道摆动而改道。1972年以前尾水可达若羌县城北的台特马湖，后终点进一步退缩到铁干里克的大西海子水库。21世纪初，塔里木河开始全流域治理，之后有水流复达台特马湖。塔里木河是南疆地区的母亲河，天山以

新疆塔里木河（桑翀/摄）

南的绿洲基本都是靠塔里木河水灌溉。

水系变迁

塔里木河两次大的改道的史籍记载：公元300年左右，河水倒向南流，注入台特马湖，罗布泊水量中断，致使楼兰一带逐渐衰退，水草枯萎，居民逃离，"丝绸之路"的楼兰通道绝迹；民国十年（1921年），河水倒向北流，南道铁干里克、英苏一带荒凉，尉犁至若羌的通道沙化；1952年，尉犁县附近筑坝，塔里木河同孔雀河分离，河水复经铁干里克故道流向台特马湖，而孔雀河已经无力与罗布泊发生联系。

据资料记载，塔里木河古时分为南河和北河两支。叶尔羌河与和田河汇流后流经沙漠中部东流成为南河；阿克苏河和喀什噶尔河等汇流经沙漠北缘成为北河。两河分别注入台特马湖和罗布泊。《水经注》记载，大约在公元7～10世纪，叶尔羌河与和田河向西北迁移，北河逐渐形成现代的水系，南河逐渐消失。考古工作者发现，塔克拉玛干大沙漠中有断续的洼沟，似古南河痕迹。

塔里木河流域多年平均径流量为398.3亿立方米，主要由冰川融水、雨雪混合和河川基流三部分组成。在《山海经》《水经注》和《西域水道记》等古文献中，有不少对塔里木河流域水系的记载。在历史上，塔里木河流域的九大水系都有水汇入塔里木河干流，但由于人类活动与气候变化等因素的影响，塔里木河水系发生了重大变化。20世纪40年代以前，车尔臣河、克里雅河、迪那河相继脱离干流；20世纪40年代之后，喀什噶尔河、开都河、孔雀河、渭干河也逐渐脱离干流。其后，与塔里木河干流有地表水联系的只有和田河、叶尔羌河和阿克苏河三条源流；另外，有孔雀河通过库塔干渠向塔里木河干流下游地区输水，即所谓的"四源一干"。在进入20世纪90年代之后，塔里木河干流的主要源流叶尔羌河与和田河只在汛期才有水进入塔里木河干流，唯有源流阿克苏河常年有水补给塔里木河干流。

传奇的罗布泊

罗布泊，在若羌县境东北部，1958年的测量显示，其面积达到5350平方千米，一度成为中国第一大湖，因地处塔里木盆地东部的古"丝绸之路"要冲而著称于世。

古罗布泊诞生于第三纪末第四纪初，距今已有200万年，面积约2万平方千米以上，在新构造运动影响下，湖盆地自南向北倾斜抬升，分割成几块洼地。现在，罗布泊是位于北面最低、最大的一个洼地。那里曾经是塔里木盆地的积水中心，古代发源于天山、昆仑山和阿尔金山的流

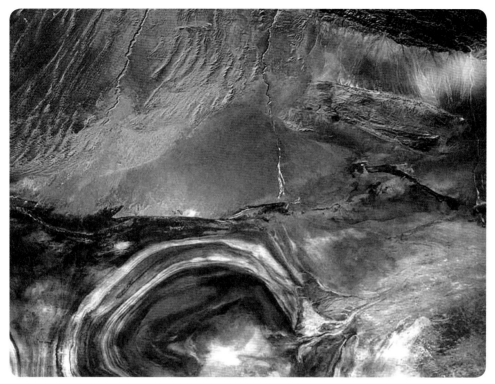

罗布泊的卫星图

域，源源不断注入罗布洼地形成湖泊。

注入罗布泊的诸水主要有塔里木河、孔雀河、车尔臣河和米兰河等，同时罗布泊也部分受到祁连山冰川融水的补给，融水从东南通过疏勒河流入湖中。

罗布泊曾是我国新疆地区最肥沃的碧水蓝天之地，这里在汉朝时孕育了璀璨辉煌的楼兰文化，并且后来因某些原因也是丝绸之路的咽喉要地。汉文化和楼兰文化在这里荟聚，让这里充满文化魅力。不过，罗布泊不可避免地走向干涸，连带着楼兰文化也在一夜之间消亡。

郦道元《水经注》记载，东汉以后，当时塔里木河中游的注滨河改道，导致楼兰严重缺水。敦煌的索勒率兵1000人来到楼兰，又召集鄯善、焉耆、龟兹三国兵士3000人，不分昼夜横断注滨河，引水进入楼兰，缓解了楼兰缺水的困境。到公元4世纪，曾经是"水大波深必汛"的罗布泊西之楼兰到了要用法令限制用水的拮据境地。尽管楼兰人为疏浚河道作出了最大限度的努力和尝试，但在此之后楼兰古城最终还是因断水而被废弃了。至清末，罗布泊水涨时，仅有"东西长八九十里，南北宽二三里或一二里不等"。

20世纪40年代左右，罗布泊彻底干涸，这里再也没有了生命存在的迹象。由于周围环境过于恶劣，黄沙和风暴接踵而至，罗布泊实际上变成了一片死亡之海。但这片死亡之海并非没有一点儿作用，尤其是在中华人民共和国成立后，罗布泊具备极高的战略价值。

中华人民共和国成立后，我们深知军事力量对国家安全的重要保障作用，现代战争是核武器的战争，只有拥有了属于自己的核武器，我们才能在国际舞台站稳脚跟，才能免受西方列强的欺负。但类似于原子弹的大型杀伤武器肯定需要广阔的试验场地，我国东南沿海或者中原地区由于人口密集，肯定不能进行大型核武器试验，这时候位于大西北的罗布泊很显然就是最完美的选择。1964年，我国第一颗原子弹爆炸；3年后，我国第一颗氢弹也完成了试爆。这些喜人的试验都是在罗布泊的核试验基地完成。从试验到最后成功试爆，罗布泊承受了不下上百次的爆炸冲击，但它出色地完成了自己的任务，在我国国防建设中占据了重要地位。

从最开始的文明起源地，到核试验场，如今罗布泊又换了一重身份，它是养活了我国无数人的"聚宝盆"。根据地质学家的勘测，罗布泊拥有国内最丰富的钾盐矿藏资源，其北部地区钾盐储备量甚至超过了2亿吨。为了开采这些钾盐，我国政府在罗布泊周边建起了配套设施，还有工业小镇，供实验研究人员和开采工人居住。目前，罗布泊的钾肥工厂每年至少能产120万吨硫酸钾，这些资源是我国老百姓赖以生存的保障。

输水与生态调度拯救行动

塔里木河全长1321千米，是中国乃至世界生态最为脆弱的地区之一。塔里木河下游位于塔克拉玛干沙漠和库姆塔格沙漠之间，由于有河流和地下水补给，沿河两岸生长了大片荒漠河岸林，主要有胡杨、怪柳、黑刺、铃铛刺、芦苇、疏叶骆驼刺、罗布麻、花花柴等，阻止着两大沙漠的合拢，因此被誉为"绿色走廊"。该地区属典型的大陆性干旱气候，年降水量仅17.4～42毫米，年蒸发潜势高达2500～3000毫米，生态环境极为脆弱。

从20世纪50年代开始，在源流阿克苏河、和田河、叶尔羌河，甚至在塔里木河干流两岸，进行了大规模的灌溉农业开发和过度的水土资源开发利用，特别是1972年下游大西海子拦河水库建成以后，塔里木河下游开始断流，台特马湖干涸。断流30多年后的下游河道地下水位持续降低，以胡杨为主要建群植物的荒漠河岸林全面衰败，生物多样性严重受损，沙漠化加剧且面积不断扩大，灾害性天气（浮尘、沙尘暴）增加，"绿色走廊"急剧萎缩，位于河道东西两侧的库鲁克沙漠和塔克拉玛干沙漠呈合拢态势，成为塔里木河流域最严重的生态灾难区。

为了保护塔里木河流域的生态环境，拯救断流近30年、濒于毁灭的下游"绿色走廊"，我国政府投资107亿元，于2001年启动了塔里木河流域综合治理工程。2000年至2013年向大西海子水库下游断流河道实施了14次生态输水，共计输水46.41亿立方米，基本实现了年平均下泄3.5亿立方米的预期目标。

生态输水后，塔里木河下游生态环境出现明显变化，例如，地下水位上升、地下水水质明显好转；植被面积扩大，群落物种种类增加，多样性提高；主要建群植物胡杨长势好转，径向生长量增加。这表明塔里木河下游生态环境状况趋于好转。生态输水工程基本遏制了塔里木河下游生态系统不断退化的趋势，但是该区域生态系统的脆弱性还没有得到根本改变。例如，2008年和2009年逢枯水年时，台特马湖水量减少，胡杨径向生长量缩小，说明输水后的塔里木河流域生态环境状况依旧脆弱。

胡杨——千年不朽的传说

胡杨主要分布在我国西北、中亚西亚、南亚的干旱地区，是唯一生长在沙漠环境中的高大乔木，也是新疆最古老的树种之一，被维吾尔人称为"托克拉克"，译为"最美丽的树"。我国90%的胡杨集中在新疆，而在新疆的胡杨林主要分布在塔里木盆地，其他地区只有少量分布。塔里木河流域的天然胡杨林共有28万公顷，是目前全世界最大的一片天然胡杨林。棵棵胡杨拔地而起，树干粗得可数人合抱。浓密枝叶形成的大树冠活像一把巨大的遮阳伞。有的树上藤条缠绕，上下垂挂，恰似绸带。

著名诗人郭小川曾写过这样的诗句："谁到过万里沙漠，谁知道路远。谁走过茫茫戈壁，谁见树心甜，千里戈壁一棵树，就是世外桃源。"如果人们长途跋涉，从满目荒凉、死一般寂静的大沙漠深处走出，进入塔里木河两岸绿荫浓密的胡杨林中，会顿觉空气清新、恬静透爽，真正体验到诗中之情。

众所周知，我国的西北地区是一个偏干旱、风沙大的地区，干旱、少雨、盐度大，按理说在这样苛刻的环境条件下，植物是不适合生长的。然而，通过长期的探索发现，胡杨居然可以生长在环境较为恶劣的干旱地带。因此，我国在新疆等西北地区大量种植了胡杨林。

胡杨作为荒漠地区特有的珍贵森林资源，常年生长在沙漠中，比较耐寒、耐旱、耐盐碱、抗风沙，具有很强的生命力，同时它防风、固沙、固水的能力还比较强，对于稳定荒漠的生态平衡有十分重要的作用。比如，可以调节绿洲气候，形成肥沃的森林土壤。除此之外，胡杨还可以维系沙漠生态系统，可以这样来比喻，只要有一棵胡杨活着，柽柳、铃铛刺、骆驼刺等十几种沙漠植物就都可以在胡杨的"保护"下存活，并形成一个小型的沙漠绿洲，甚至可以为沙漠里生存的动物提供栖身之所。

由于胡杨长年扎根在沙漠，其作为荒漠森林在我国西北地区广阔的荒漠上所起的作用是难以用金钱来衡量的，因此胡杨也被我们誉为"沙漠英雄树"。

传说中胡杨"生来千年不死，死后千年不倒，倒后千年不腐"，但事实上，胡杨的真实寿命及枯萎状况并没有这么夸张，因为在一些语境中经常会出现"百年""千年""万年"这些时间词，但大多数只是表示时间很长，

丝绸之路守护者——中国西北的河流

经常带有夸张的成分，并不是指某个准确时间。

一般情况下，一棵胡杨树的寿命是100年到300年，最长也不过500年，而寿命超过500年的胡杨树几乎没有。因为植物基因的特殊属性，胡杨对盐碱以及干旱环境有着非常强的适应能力，所以只需要汲取少量的水分，就可以在干旱的沙漠中很好地生长。

相反，如果胡杨在湿热的热带或者亚热带气候下就无法生长，而且在非稀松的土地上也无法生长。但是胡杨不仅耐旱，而且还耐寒，因此胡杨在零下40℃的低温戈壁中依旧可以存活。不过，由于植物细胞的限制，胡杨基本上在200年左右的时候就会结束其闪闪发光的生命。

"死后千年不倒"的说法与胡杨的基本属性有关。因为胡杨本身对水分依靠得比较少，所以胡杨的树干内所含水分也就比较少，加之在沙漠和戈壁的条件下，环境中的水分也比较少，因此胡杨的根部不容易腐烂，这也是胡杨挺拔的原因。

但是不论胡杨再怎么耐干旱，它也是植物，任何植物缺了水都无法生长，所以在胡杨的周围也有少量的水资源，因此胡杨的根部的腐烂十分缓慢，它可以屹立很久，不过没有"千年不倒"这么夸张，保持几十年不倒是有可能的。

胡杨"倒后千年不朽"是因为胡杨的生存环境比较干旱，而且风沙较大，所以胡杨倒后会被风沙掩盖，处在浅层地表以下，加上沙漠降水少，一般只有大量降水才能够渗透到胡杨内部。这样的话，胡杨长期处在干旱的地表之下，减少了太阳直射，所以说胡杨的腐烂比较缓慢。

胡杨林（欧文希、宋勇/摄）

　　总之，"生而不死一千年，死而不倒一千年，倒而不朽一千年。三千年的胡杨，一亿年的历史"只是用来赞扬胡杨的勇敢坚毅、自强不息，并不是说胡杨的寿命真的如此漫长。

（执笔人：桑翀、蔡凌楚）

丝绸之路守护者
——中国西北的河流

　　李白曾经写过"黄河之水天上来"的诗句；在许多故事中，也有"天河""银河"的传说。那么，天上真的会有河吗？有的。别不信，这可不是什么神话故事。在我国的西南地区有这样几条河，它们或横亘于雪域高原，或穿行于绵延山岭，它们雕琢出世间最宏伟的峡谷，它们奔流成滇西最壮丽的景观。下面就请跟随笔者，一起领略一下这些"天上的河流"之美吧。

万千生灵孕育者
——高原上的河流

世界上海拔最高的『天河』
——雅鲁藏布江

雅江之水天上来

天上有一条银河，地上有一条天河。被称为"天河"的雅鲁藏布江从雪山冰峰间流出，又将冰液玉浆带向藏南谷地，使这一带花红草肥。繁衍生息于此的藏族人民创造出绚丽灿烂的藏族文化，它是我们这个多民族国家文化瑰宝中的重要组成部分。

雅鲁藏布江像一条银色的巨龙，从海拔5300米以上的西藏西南部喜马拉雅山北麓的杰马央宗冰川发源，自西向东奔流于号称世界屋脊的青藏高原的南部，绕过喜马拉雅山脉最东端的南迦巴瓦峰，转向南流，最后于巴昔卡附近流出国境，改称布拉马普特拉河，经印度、孟加拉国注入孟加拉湾（图9）。雅鲁藏布江干流全长2057千米，流域面积约为24万平方千米。是中国最长的高原河流，也是世界上海拔最高的大河。

雅鲁藏布江发源于中国的西藏自治区，在藏语中，"雅鲁"和"雅砻"是一个意思，指从天上来，而"雅砻"本身也是一个地名，即今天的西藏山南市；"藏布"的意思是江。在藏语中雅鲁藏布江意为"高山流下的雪水"，梵

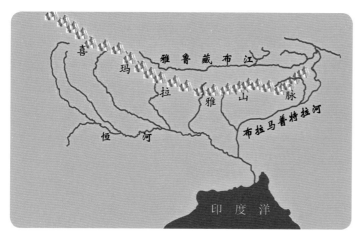
图9 雅鲁藏布江—布拉马普特拉河水系（田震/绘）

语中布拉马普特拉河意为"梵天之子"。这条江流经藏族
文明的主要发源地，被藏族视为摇篮和母亲河。

　　雅鲁藏布江的源流有三支：北支发源于冈底斯山脉，
叫马容藏布；中支叫切马容冬，因常年水量较大，被认为
是雅鲁藏布江的主要河源；南支发源于喜马拉雅山脉，叫
库比藏布，该支流每年夏季水量较大。三条支流汇合后至
里孜一段统称马泉河，但在扎东地区也有称该江为"达布
拉藏布"的，在藏语中是马河之意，或叫"马藏藏布"，
其藏语为"母河"之意。

独特的土著鱼类

　　雅鲁藏布江是世界上最高、海拔落差最大的河流，不
同河段地理生态环境差异明显，独特、多样的自然环境孕
育着该水系特有的土著鱼类。

　　雅鲁藏布江的土著鱼主要包括鲤科裂腹鱼亚科、鳅科
条鳅亚科和鲇形目鮡科三大类群，共30多个种和亚种。
以雅鲁藏布江大拐弯处为界，中上游及其毗邻水系和下游

土著鱼类区系组成差异明显。雅鲁藏布江中上游及其毗邻水域的土著鱼类主要是裂腹鱼亚科和高原鳅属，其中，裂腹鱼类主要有拉萨裂腹鱼、异齿裂腹鱼、巨须裂腹鱼、双须叶须鱼、尖裸鲤、拉萨裸裂尻鱼等；高原鳅属鱼类主要有东方高原鳅、异尾高原鳅、西藏高原鳅等。

雅鲁藏布江下游的鱼类包括裂腹鱼亚科裂腹鱼属的全唇裂腹鱼、弧唇裂腹鱼和墨脱裂腹鱼等；条鳅亚科阿波鳅属的墨脱阿波鳅、条鳅属的浅棕条鳅等，缺少高原鳅属鱼类的分布；鮡科鱼类在该水域分布的种类较多，有墨脱纹胸鮡、细体纹胸鮡等。此外，还有鲃亚科墨脱四须鲃、野鲮亚科墨脱华鲮等。

雅鲁藏布江水系的土著鱼类大多为当地特有种，稀有程度高，在维持生物多样性，供研究员研究鱼类系统演化、动物地理学、青藏高原地质构造等方面具有重要的科学价值，不仅是我国重要的种质资源，而且也是西藏特色渔业发展的基础，其中，尖裸鲤、拉萨裸裂尻鱼、双须叶须鱼、拉萨裂腹鱼、巨须裂腹鱼、异齿裂腹鱼以及黑斑原鮡等是当地的重要渔业对象。

目前，西藏裂腹鱼、巨须裂腹鱼、异齿裂腹鱼、拉萨裂腹鱼、裸腹叶须鱼、尖裸鲤、高原裸鲤、平鳍裸吻鱼、黑斑原鮡等已被《中国物种红色名录》列为濒危鱼类，其中，拉萨裂腹鱼、巨须裂腹鱼、尖裸鲤、平鳍裸吻鱼、黑斑原鮡被列为国家二级保护野生动物。由于生长缓慢、性成熟晚、繁殖力低，这些土著鱼类种群一旦遭到破坏，将很难恢复，甚至会造成物种的灭绝。因此，保护西藏土著鱼类资源刻不容缓。

平鳍裸吻鱼别名扁吻鱼。体长，背缘弓形，胸腹部平直。头宽扁，吻钝圆。背侧部褐色，腹部色浅，沿侧线常有深褐色斑块5~7枚。栖居于山溪或河中砾石较少的河段，主要以水生藻类植物和底栖无脊椎动物为食。8月份仍见有怀卵个体；卵黄色。在我国仅分布于西藏雅鲁藏布江下游。个体较小，经济价值不大，但为保护物种。

西藏墨头鱼体细长，前部略平扁，后部侧扁，背部稍隆起，头腹部和胸部平坦。头中等大小，扁平状；吻部圆钝。活体背部及两侧基色为黄褐色，鳞片边缘为墨绿色，形成网状纹，部分鳞片中部色淡，呈粉红色或浅黄色，形成斑驳浅色斑块；腹部呈白色、浅黄色或淡粉色；各鳍鳍条呈深灰色，鳍间膜透明无色，各鳍边缘带为红色。西藏墨头鱼生态习性为：喜集群分布，多栖息在雅鲁藏布江的小型支流和山涧溪流中。其繁殖期为每年的2~4月；繁殖力较低；卵有沉性，呈黄色。西藏墨头鱼以水中岩石上着生的藻类为食，主要有硅藻和绿藻。该物种目前仅知分布于雅鲁藏布江下游墨脱县江段的干支流。

亚东鲑别名"猫鱼""河鲑"。体呈纺锤形，口大，牙发达，背部青蓝色，腹部银白色；头背、体侧上部密布镶着有白圈的蓝色小圆斑，沿侧线及其下方有红宝石色的小圆斑，斑点外缘镶有白圈。多在河流砾石底质的滩口处活动。主要以毛翅目、双翅目等昆虫的幼虫和落入水中的昆虫为食，也摄食小鱼、甲壳类动物等。秋冬季在缓流浅水

平鳍裸吻鱼（林鹏程/摄）

西藏墨头鱼（巩政/摄）

亚东鲑（钱建硕/摄）

处产卵。分布在西藏亚东河下司马以下河段，为国外引进种类。当地主要食用鱼类，肉味鲜美，经济价值较高。由于多年过度捕捞，目前资源量已明显下降。

最大的海洋性冰川

我国最大的海洋性冰川卡钦冰川（长35千米）位于念青唐古拉山南麓，易贡藏布江北侧，沿雅鲁藏布大峡谷，以南迦巴瓦峰为中心，是我国西藏东南海洋性冰川发育的一个中心。所谓"海洋性冰川"是指冰川的固体降水来自于海洋的水汽。因此，它区别于大陆性冰川的特点是补给丰富，纬度高，温度维持在零摄氏度上下，因而活动性强，易运动。发育良好的海洋性冰川往往沿山坡前进，伸入森林中。

江与河的浪漫邂逅——雅尼国家湿地公园

"神女的眼泪"尼洋河自冰川雪峰迤逦而下，翡翠般澄绿的河水碎玉飞花；雅鲁藏布江在深峡野岭间一路桀骜奔流，直至与尼洋河相遇。一柔一刚、一清一浊，江与河在青藏高原的林芝邂逅汇流，目之所及，山峦如黛、河川似练、浅滩密布、飞鸟翔集，形成绝美的高原河谷湿地美景。

位于雅鲁藏布江与尼洋河交汇处的雅尼国家湿地公园是习近平总书记考察西藏的第一站。习近平总书记强调，要坚持保护优先，坚持"山水林田湖草"一体化保护和系统治理，加强重要江河流域生态环境保护和修复，统筹水资源合理开发利用和保护，守护好这里的草木生灵、万水千山。

西藏雅尼国家湿地公园在行政区位上为西藏自治区林芝市巴宜区与米林县接壤范围内，地理位置处于尼洋河与雅鲁藏布江汇流处、雅鲁藏布江中游末端；行政区划上为林芝市巴宜区和米林县共有。地理位置处于北纬29°24′～29°29′，东经94°24′～94°38′。该地区所有的高原河流湿地特征较为典型，具有较高的生态保护意义以及开发利用价值。

西藏雅尼国家湿地公园面积广阔、淡水资源丰沛、自然景观优美、民俗特色明显、物产丰富，所处流域既是印度洋暖湿气流沿雅鲁藏布江流域、尼洋河流域向高原腹地西向、北向进行分配和输送的重要区域，也是完成西藏高原水循环的重要通道，同时是藏东南水生动物、湿地鸟类和小型湿地动物栖息繁衍的重要区域。两江交汇带来大量泥沙沉淀，在河道三角洲形成形态各异的河谷平原。它们被散乱的河水分割包围，既是孤岛，又通过浅浅窄窄的沙堤相连，形成阡陌纵横、牧场交错、树林和草场共生的生态湿地，具有深远的生态学意义，科研和保护价值极高。雅尼国家湿地公园所处谷地位于雅鲁藏布江深大断裂带东部，在由峡谷与宽谷相间组成的雅鲁藏布江深大断裂带中属宽谷地貌，谷底河道最宽达3.31千米。水流平缓，江

雅尼国家湿地公园核心区（王忠/摄）

心滩发育完整，广阔滩涂和静流浅水区是底栖动物和水生植物栖息生长的良好区域。公园范围内，主要的植被有河滩天然杨树林和人工柳树林、河岸落叶阔叶林，以小花水柏枝为优势种的河谷灌丛草原，以蔷薇为优势种的灌丛草甸等植被类型。

雅尼国家湿地公园除了位于举世闻名的雅鲁藏布江大峡谷谷口，北岸还有世界上唯一一座由幸饶弥沃如来佛祖亲自加持过的神山——苯日神山，其周围还密布文成公主、金成公主的遗迹，世界桑树王、藏王墓、立定渔村、曲角沃神庙、德木寺等众多景点。

西藏江南

林芝市素有"西藏江南"之美誉，包含多种气候带，具有热带、亚热带、暖温带、寒温带和湿润、半湿润气候带。雅尼国家湿地公园区域内及周边山地垂直植被带明显，自上而下依次有高山冰缘植被、高山草甸植被、高山灌丛植被（以杜鹃为主）、落叶阔叶林（以糙皮桦为代表）、暗针叶林（以云杉、冷杉为代表），亮针叶林（以高山松为代表），常绿硬叶阔叶林（以川滇高山栎为代表），以及河谷阶地零星分布的巨柏疏林。

高原仙子

尼洋河是林芝人民的母亲河，沿河两岸植被完好，风光旖旎，景色迷人。尼洋河风光带野生鸟类众多，是西藏著名的黑颈鹤越冬区。

黑颈鹤被誉为"鸟类大熊猫"，是国家一级保护野生动物。黑颈鹤栖息于海拔2500~5000米的高原沼泽地、湖泊及河滩地带，繁殖于拉达克，中国西藏、青海、甘肃和四川北部一带，越冬于印度东北部，中国西藏南部、贵州、云南等地，是世界上唯一生长、繁殖在高原的鹤。

黑颈鹤属于飞行涉禽，它腿脚修长，头顶裸露的皮肤呈红色，阳光下看去非常鲜艳，到求偶期间更会膨胀起来，显得别样通红。通体羽毛呈灰白色，而颈部的羽毛和尾羽又呈黑色。其神态显得十分优雅，翩翩起舞时更惊艳于天地之间。

黑颈鹤属于群居的候鸟，但它们却实行一夫一妻制，雌雄相依相随，朝夕不离不弃。一旦有一方不幸离世，另一方不会再度婚配。组成家庭的黑颈鹤具有很强的领域性，这种特性在繁殖期表现得尤为明显。这些家庭鹤多选择沼泽地中水面较宽、草墩密布、水网交错的地方构筑自己的爱巢。筑巢的材料则是就近采集的干枯苔草茎秆。

万千生灵孕育者——高原上的河流

藏族有句老话——"冲冲（黑颈鹤藏语名字）飞走，湿地干掉"。当地人认为黑颈鹤是吉祥的鸟，它们的到来是环境变好的象征。每年10月下旬，部分黑颈鹤会来到林芝过冬，直到次年的4月才离开。4月中旬以后，林芝市的黑颈鹤陆续北迁，它们离开林芝所在的雅鲁藏布江中游河谷等越冬地，来到西藏北部、西北部的河流和沼泽湿地进行交配繁殖，西藏第一大湖色林错是它们的目的地之一。

　　2000年前后，全球黑颈鹤数量仅剩约6000只，但据最新监测，目前我国境内黑颈鹤数量已达1.7万多只，其95%以上分布在我国的青藏高原和云贵高原，目前在西藏繁殖和越冬的黑颈鹤数量已超过1万，其濒危等级也从易危降为近危。

黑颈鹤（孟宪伟/摄）

雅鲁藏布江大拐弯（林鹏程/摄）

世界第一大峡谷——雅鲁藏布大峡谷

　　翻开亚洲地图，在举世闻名的世界屋脊青藏高原上有一条绿色的通道沿着布拉马普特拉河、雅鲁藏布江河谷一直伸向青藏高原东南部。险峻的雅鲁藏布大峡谷宛如青藏高原东南部的一大门户，它面向孟加拉湾，面向遥远的印度洋，为印度洋的暖湿气流提供了一条天然的通道。

　　位于藏东南缘的雅鲁藏布大峡谷（简称大峡谷）围绕喜马拉雅山东端的南迦巴瓦峰形成U形大拐弯，呈马蹄状，是地球上最大、最深的峡谷，全长504.6千米，最深处6009米，平均深度2268米左右，延伸至墨脱县境内的大峡谷地区，地处北半球热带的最北端，年平均气温高达18.0℃以上，年平均空气相对湿度70%～80%，被称为热带绿山地，雅鲁藏布大峡谷是世界第一大峡谷，获得

雅鲁藏布大峡谷（王乾龙/摄）

中国世界纪录协会的世界最深大峡谷、世界最长大峡谷两
项世界纪录的认证。

　　雅鲁藏布大峡谷生态系统种类繁多、复杂多样，包含
从低河谷热带季风雨林带到极地寒冬带的世界上最齐全、
最完整的垂直自然带。其森林资源丰富，是西藏自治区主
要的森林分布区和用材林基地。

　　促进南北坡生物交流

　　在青藏高原南部，由于高大的喜马拉雅山脉阻挡，其
南北两翼的生物分布迥然不同。然而，由于雅鲁藏布大峡
谷造就了西藏东南的门户，促进了喜马拉雅山脉南北的生

物通过这条通道得到交流与混合。一方面，在喜马拉雅山脉南翼特有的各种类型的植被和生物经过这条通道分布到山脉北翼的通麦、易贡和帕隆等地。例如，南翼谷地高等植物中的通麦栎、尼泊尔桤木，低等植物中的金顶侧耳、灰钉，动物中的猕猴、黄嘴蓝鹊等。另一方面，山脉北翼的高山松、川滇高山栎等却通过这条通道分布到南翼的甘代、鲁古等地。

庇护古老生物

第四纪冰期中，持久的严寒扼杀了不少生物种类。然而，位于藏东南的雅鲁藏布大峡谷由于其优越的暖湿气候和立体生态条件，为生物南北迁移提供了安全的走廊，成为古老生物的良好"避难所"，保存了大量的古老物种，为我们留下了许多"活化石"。例如，保存了苔类植物活化石——藻苔，蕨类植物活化石——桫椤，裸子植物的活化石——百日青和红豆杉等，被子植物活化石——水青树、领春木，锈菌活化石——拟夏孢锈属和明痂锈属植物。

影响藏族文化史

根据藏学家多吉才旦和杜文彬的研究，雅鲁藏布大峡谷水汽通道作用给青藏高原东南部带来优越的气候环境条件，在很大程度上影响了藏民族文明史的发展。

象雄文明的统治地位被雅隆文明所取代是这两大文明所处的地理环境和人文环境影响的结果，其中，喜马拉雅山和雅鲁藏布江这两大地区地理因素，即（雅鲁藏布大峡谷）的影响不容忽视。雅隆王朝战胜象雄王国的三个主要

万千生灵孕育者——高原上的河流

原因之一是地理环境原因。

　　正如上述文字所言，由于雅鲁藏布江中下游流域地区有着非常适宜农牧业发展的气候环境，而地处西藏西部的象雄几乎没有受到来自印度洋的暖湿气流的影响，因而气候寒冷、干旱，不利于农业的发展。这种地理条件的差异导致象雄文明基础脆弱，雅隆文明基础牢固；从这个意义上说，雅隆吐蕃文明取代象雄本教文明是由地理环境的差异造成的。

一山横断，三江并流——奇绝的地貌与景观

4000万年前，印度次大陆板块与欧亚大陆板块大碰撞，引发了横断山脉的急剧挤压、隆升、切割，高山与大江交替展布，形成世界上独有的三江并行奔流170千米的自然奇观。三江并流区域在展现最后5000万年印度洋次大陆板块、欧亚大陆板块碰撞相关联的地质历史、展现古地中海的闭合以及喜马拉雅山和西藏高原的隆起方面具有比较突出的价值。对于亚洲大陆地表的演变以及正在发生的变化而言，这些是主要的地质事件，这一区域内岩石类型的多样性记录了其历史。

三江并流区内，金沙江是长江的上游河流，最终注入东海；澜沧江是湄公河的上游河流，最终注入南海；怒江则是萨尔温江的上游河流，最终注入安达曼海（图10）。区域内有着三条南北向的山脉，即云岭、怒山山脉、高黎贡山山脉。2003年，联合国教育、科学及文化组织世界遗产委员会批准三江并流为世界自然遗产。

三江并流是新特提斯洋消亡、青藏高原和云贵高原隆升的见证，这里群山会聚，山脉纵隔，三江深切。三江并

111

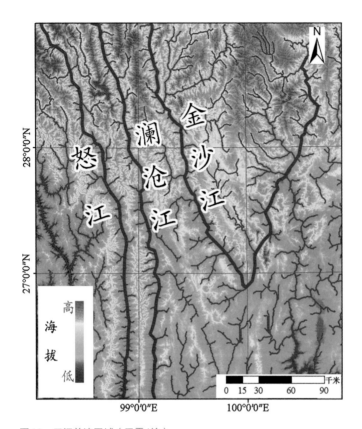

图 10　三江并流区域（田震/绘）

流分布着岭谷相间的多种高山、峡谷地貌地质遗迹，集雪
山峡谷、高山湖泊、冰川草甸、丹霞地貌等自然景观于一
体，是世界上蕴藏丰富的地质地貌博物馆，同时保存着大
量的古深海大洋地质、生物遗迹和冰川、造山运动遗迹。
三江并流区经历了地质历史上的沧桑巨变。众多的地质遗
迹证明了这块区域是由曾相距遥远，分别位于南、北半球
的陆块拼合而成。经历了从海洋到岛弧，再到大陆的演变
过程，三江并流地区集中体现了地球的地质动力学特征。
巍峨的高山和强烈挤压变形的岩石是印度次大陆板块与欧
亚大陆板块碰撞的造山运动的产物。而深邃的峡谷又是内

力地质作用相抗衡、河流强烈下切的结果。在这块特殊的区域，内力与外力地质作用都充分地表现，它们共同塑造出极为多样化的地形地貌。

梅里雪山主峰卡瓦格博峰海拔6740米，为云南最高峰，至今仍无人成功登顶，藏传佛教宗教色彩浓郁。发育于卡瓦格博峰的明永冰川，其冰舌一直延伸至2650米海拔处，是目前北半球海拔最低的冰川，同时也是纬度最低的冰川之一。梅里雪山周边青山翠绿，针阔混交林与湿性常绿阔叶林原生状态保存良好，是澜沧江典型的多样性自然地理特征的代表。丽江老君山分布着中国面积最大、发育最完整的丹霞地貌景观。该地区还拥有数十个著名的高山湖泊，其中有泸水县（现泸水市）高黎贡山的听命湖、福贡县碧罗雪山齐术山峰附近的干地依比湖、恩热依比湖、念波依比湖，香格里拉县的碧塔海、属都湖等，同时还有多处高山湖泊群，例如，干湖山湖泊群、老君山湖泊群、红山湖泊群、老窝山湖泊群等。

三江并流区东西绵延的常绿阔叶林是现今我国乃至东亚保存最完好的一片，是特有的植物类群最丰富的地区。中国科学院生物多样性委员会将其列为具有世界意义的陆地生物多样性关键地区和重要的模式标本产地。该区还是展现怒江流域典型地貌特征的博物馆。这里包括了以怒江第一湾及其周边地区为代表的怒江深切河曲地质景观，其中的景点石月亮是怒江流域高山喀斯特溶洞景观的典型代表。高黎贡山自然保护区是三江并流世界遗产范围内最大的自然保护区。

三江并流区包含了金沙江流域典型的高原夷平面、高山喀斯特等地貌特征完整的古冰川遗迹和丰富的植物生态

秋夜的卡瓦格博（田震/摄）

系统、高原湖泊等多种类型景观，例如，著名的纳帕海依拉草原。这一区域的水量变化较大，因而一年之中湖水只在此停留一半的时间，另一半的时间湖水会退去，原本的湖底便成为依拉草原。

此外，以尼汝南宝草场、小雪山丫口高原地质景观最具典型意义。尼汝南宝草场集中了高原冰蚀湖－高山草甸－硬叶常绿阔叶林生态系统。其中，古冰川遗迹、河谷人居环境、高原泉华瀑布等类型多、范围大、分布集中的景观资源是具有极高保护价值和开发潜力的原始景观资源研究展示区域。同时，南宝河的古冰川地貌遗迹是世界遗产范围内发育最完整、展示最集中的第三期冰川地质遗迹。

纳帕海依拉草原（田震/摄）

四时归三岭，万类隐滇西——多样的环境与生物

　　三江并流地处东亚、南亚和青藏高原三大地理区域的
交汇处。这一区域又被称为"西南纵向岭谷区"，山岭和
峡谷的通道的阻隔效应对气候的影响及其他相关问题受到
研究人员的广泛关注。该区域分别受到太平洋东南季风、
印度洋西南季风和青藏高原高寒气候的影响，中部（德钦
县境内的澜沧江河谷和金沙江河谷）受焚风气候的影响，
形成了独特的干热河谷地区。西部和南部受印度洋西南季
风气候的影响，属于滇中高原半湿润气候。整个区域年
降水量从独龙江下游的4600毫米到德钦奔子栏的400毫
米，相差达4200毫米。因海拔高差大，温度的垂直变化
比较明显，河谷地带属于亚热带甚至热带气候，山顶则终

年积雪或终年寒冷，属于寒带气候或极地气候。多样的水分、温度变化以及两者之间的组合变化形成了从南亚热带到寒带的各种类型气候环境。

区内集中了从亚热带到高山寒带的各类型植被，还拥有金沙江流域典型完整的高山垂直带自然景观。哈巴雪山主峰海拔5396米，山顶发育有现代冰川，它和玉龙雪山的冰川同为我国纬度最低的海洋性冰川。寒温带针叶林是哈巴雪山自然保护区山地生态系统中最重要的生态系统，这类森林以复杂多样的中国 – 喜马拉雅成分为特色，是世界遗产区最典型的高山针叶林保护区域。

三江并流区域中的生态过程是地质、气候和地形影响的共同结果。首先，该区域处于地壳运动的活跃区，结果形成了各种各样的岩石基层，从火成岩到各种沉积岩（包括石灰石、砂岩和砾岩）等不一而同。从峡谷地貌到喀斯特地貌，再到冰峰地貌，这种大范围的地貌的形成和该区域正好处于地壳构造板块的碰撞点有关。该区域是更新世时期的残遗种的保护区并位于生物地理的会聚区（即具有温和的气候和热带要素），为生物多样性的演变提供了良好的物理基础。除了地形多样性（具有6000米的几乎垂直的陡降坡），季风气候影响着该区域绝大部分地区，从而提供了另一个有利的生态促进因素，允许各类温带生物群落良好发展。

三江并流区是世界上生物物种最丰富和特有性最强的地区之一，也是全球34个生物多样性热点地区中的喜马拉雅、印缅和中国西南山地等3个热点地区的交汇区，长期以来一直是生物多样性研究与保护的重点地区。三江并流地区是南北交错，东西汇合，地理成分复杂，是特有成分突出的横断山区生物区系的典型代表和核心地带，是世界上生物多样性最丰富的地区之一，被列于中国生物多样性保护17个关键地区名单的第一位，有从热带到寒带大跨度的立体植被，包括许多受国家和省保护的珍稀和濒危树种，如红豆杉、树蕨、云南铁杉等。多样化的气候、地形和植被又为动物提供了理想的栖息场所。

三江并流地区被誉为"世界生物基因库"，占不到中国国土面积的0.4%，却拥有全国20%以上的高等植物和全国25%的动物种数。由于三江并流地区未受第四纪冰期大陆冰川的覆盖，加之区域内山脉为南北走向，这里成为欧亚大陆生物物种南来北往的主要通道和避难所，是欧亚大陆生物群落最富集的地区。区域内分布北半球南亚热带、中亚热带、北亚热带、暖温带、温带、寒温带和寒带等各种类型气候环境，共拥有20余种生态系统，占北半球生态系统类型的80%，是欧亚大陆上生物及生态环境的缩影，是全世界单位面积内生态系统类型最丰富的地区，是自新生代以来生物物种和生物群落分化最剧烈的地区。三江并流动植物区系组成复杂多样，有10种动物分布型21种分布亚型，有10种植被型、23种植被亚型、90余个群系。三江并流区域有高等植物210余科、1200余属、6000多种；有44个中国特有属2700个中国特有种，其中有600种为三江并流区域特有种；有秃杉、桫椤、红豆杉等33种国家珍稀濒危保护植物。三江并流区内栖息着77种国家级重点保护野生动物，37种省级珍稀濒危保护植物。

点苍山翠，叶榆泽清——苍山洱海

三江并流区内孕育了数量众多的高山溪流，高山溪流作为内陆水生态系统的重要组分，具有形成特有的生物多样性的能力并发挥着重要的生态功能。而该区域的高山溪流以苍山十八溪最为出名。

苍山十八溪流域自前寒武纪以来几度升降，沉淀了前寒武系、奥陶系、泥盆系、石炭系、二叠系、三叠系地层；随着喜马拉雅期块段升降突出，西部上升，东部下降，中部断陷；盆地内接受了巨厚的第四纪松散岩类沉淀，其中前寒武系苍山群是构成苍山的主体。洱海深断裂是该构造的主干，在其西部有许多北北西向断裂构造。苍山十八溪流域西部为山地，东部为平坝和水域，地貌形态截然不同，按成因及组合形态的不同可以分为三类，第一类为侵蚀构造地形，其中深切割高山峡谷地形分布于周城——湾桥以西苍山群变质岩区；第二类为冰蚀地形，在3200米以上地区零星分布有冰斗或冰蚀湖、冰蚀山脊、石芽和角峰等；第三类为侵蚀堆积地形。其中，洪积扇（裙）地形分布在点苍山脚下，位于214国道以西，海拔1980~2100米；冲湖积、湖积平原地形分布于214国道以东、洱海湖滨，海拔1970~2000米。苍山十八溪溪流全长约90千米，沿苍山横切流向洱海，上端坡峻，中段由陡向平过渡，下段平缓，大量山石在上中段淤积，下游出水口处呈现冲刷趋势。地下水主要有裂隙水、岩溶水、孔隙水等。由于区内有丰富的地质构造遗迹，苍山被评为世界地质公园。

苍山十八溪流域立体气候显著，从低到高为山地北亚热带、暖温带、中温带、寒温带，降水、气温、蒸发均随海拔高度变化明显。苍山十八溪气候温和，年温差幅度小而昼夜温差大，冬无严寒，夏无酷暑，四季无明显之分，雨热同季，干湿分明。流域内植被垂直分带明显，从上到下依次可以分为高山杜鹃灌丛、草甸带、冷杉林带、铁杉林、中山湿性常绿阔叶林带、华山松林、云南松林、半湿润常绿阔叶林带、居住和耕作带。

苍山山脉连绵起伏，从北至南蜿蜒成十九座山峰。而在苍山十九峰之间，多有深壁断壑，陡崖峭壁，一年四季清流奔泻，形成了苍山十八溪，从北至南分别是：霞移溪、万花溪、阳溪、茫涌溪、锦溪、灵泉溪、白石溪、双鸳溪、隐仙溪、梅溪、桃溪、中溪、绿玉溪、龙溪、清碧溪、莫残溪、葶蓂溪、阳南溪。为便于记忆，前人有诗云：

> 霞移万花与阳溪，茫涌锦溪灵泉齐。
>
> 白石双鸳隐仙至，梅桃二处并中溪。
>
> 绿玉龙溪清碧间，莫残莫阳南居。

十八溪流域有着丰富的野生动物资源，其中以两栖爬行动物最有代表性。苍山洱海国家级自然保护区共记录到两栖爬行动物28种，其中，国家重点保护物种有红瘰疣螈。双团棘胸蛙被列入《IUCN红色名录》(被界定为濒危物种)。区内的两栖爬行类动物中，无指盘臭蛙和杜氏泛树蛙为中国特有种，滇蛙和昭觉林蛙属云贵高原特有种，红瘰疣螈和微蹼铃蟾为云南省特有种。

十八溪以平行状沿山而下，汇入洱海。洱海属澜沧江流域，是其支流漾濞江的支流西洱河源头。湖水由西洱河流经大理市区下关，向西汇入漾濞江。洱海，位于云南省大理白族自治州大理市。

红瘰疣螈（魏懿鑫/摄）

湖水面积约246平方千米，蓄水量约29.5亿立方米，呈狭长形，北起洱源县南端，南止于大理市下关，南北长40千米，是仅次于滇池的云南第二大湖，中国淡水湖排行第7位。洱海形成于冰河时代末期，其成因主要是沉降侵蚀，属高原构造断陷湖泊，海拔1972米。洱海在古代有叶榆水、西洱河、昆弥川等名称。"叶榆水"的名称多在古代文献中使用；"西洱河"则主要指洱海从西南的出口处开始向西流淌，最后又与漾濞江合流的一段河道；"昆弥川"随昆弥部族的消失而很少使用。洱海之所以最终以洱为名，有人要么说它形若人耳，有人要么说它如月抱珥，因而得名。而"海"的叫法则源于云南的习俗。在云南十八怪中有一怪就是把湖泊称作"海"。

但现代有学者考证认为，"洱"字由"弥"字演化而来。昆明夷又名"昆弥"，弥字又写作"弭"，"弭"加注三点水作"渳"，后简化为"洱"。另有学者认为，叶榆河、西洱河、西二河（都是洱海的古称）三者中的"叶榆""洱""二"都是少数民族语言译音字，"洱""二"与纳西语中的"鱼"读音相同，"洱海"意为"多鱼之湖"。

"多鱼之湖"中水生动物资源丰富，有鱼类8科20属33种，其中，土著鱼有17种，8种为洱海特有种。洱海特有的大理裂腹鱼（大理弓鱼）、洱海鲤为国家二级保护野生鱼，大理鲤、春鲤为云南省二级保护动物。丰富的水生动物吸引了众多水鸟前来，在迁徙的季节里，红嘴鸥站满了岸边每一根栏杆，平日里也有众多紫水鸡和小鸊鷉穿行于水草之间。此外，洱海还有着许多典型的水生植物，如海菜花。海菜花又称"水性杨花"，盛开时白花飘荡水面，与湖光山色相映，是洱海靓丽的景色之一。

洱海景区美景众多，拥有不少知名的景点景观。南诏风情岛原名"玉几岛"，静卧在蓝天之下、碧水之中；岛上拥有众多特色的太湖石，种类繁多、怪异神奇。除了南诏风情岛，双廊也是到洱海不得不游的名景之一，该景点位于洱海东北岸，因两边有小岛环抱，所以得名"双廊"。双廊拥有极佳的观景视野，可以说是观看洱海的最佳之地，素有"大理风光在苍洱，苍洱风光在双廊"的赞誉。

位于洱海西北部的上关地势平坦，以常年开满鲜花著称。而位于洱海西南

紫水鸡（曾智/摄）

部的下关则以大风闻名，这里的风是一种很奇特的风，有网友概括这里的风为"窜上而复下跌"（即一种由身后吹来，吹掉帽子，而帽子也只会落在身后的奇特的风）真的是非常贴切。这种奇特的风主要是受地形影响，印度洋西南季风只能由西洱河狭窄通道进入，导致下关风急而风向多变。洱海西面的苍山十九峰壮观灵秀，山顶常年白雪皑皑；每当天气晴好的夜晚，人们能看到一轮皎洁的明月从洱海海面上升起，你走它也走。下关风、上关花、苍山雪、洱海月四景结合即为大理的"风花雪月"，成为苍山洱海历来为人向往的共有印象。

（执笔人：田震、李婧婷、罗情怡）

万千生灵孕育者——高原上的河流

　　在荒岛求生的文学作品中，最令劫后余生、漂流到荒岛上的主人公们担心的，就是岛上没有淡水。但是，在瑰丽的中国，第一大岛和第二大岛都有丰沛的水文环境。由于海南岛地势中间高、四周低，河流大多发源于中部山地，呈放射状分布。海南岛上河流共有214条，全岛独流入海的河流有154条，其中，流域面积100平方千米以上的河流有89条，流域面积100平方千米以上且独流入海的河流有39条。同样，台湾雨量丰沛，大、小河川密布。由于最大分水岭中央山脉分布位置偏东，主要的河川大多分布在西半部，包括长度最长、位居台湾中部地区的浊水溪，流域最广、位居台湾南部地区的高屏溪。接下来，笔者就要来跟各位讲讲中国岛屿上的河流有哪些神奇之处。

岛屿文明供养者
——中国岛屿上的河流

中国最长的岛屿河流
——海南南渡江

一江清流润琼岛

南渡江，又称"南渡河"，古称"黎母水"，为海南岛最大的河流，也是中国最长的岛屿河流。其发源于白沙黎族自治县南开乡南部的南峰山，干流斜贯海南岛中

南渡江（Anna Frodesiak/摄）

北部，流经白沙、琼中、儋州等市（县），最后在海口市美兰区的三联社区流入琼州海峡，全长333.8千米，比降0.72‰，总落差703米，流域面积7033平方千米。主要支流有龙州河、大塘河、腰子河等。

南渡非南渡

南渡江是海南人民的母亲河。一直以来，"南渡江"这个名字的由来缺少站得住脚的说法。大多数人都会"望文生义"地认为，是由于闽南人当年南渡而来路过此江，所以取名为南渡江，但这其实是错误的。

现在较为被人们认可的说法是，历史上临高先民居住在南渡江流域一带土地肥沃的沿海地区，随后逐步向全岛沿海地区扩展。有学者认为，"南渡江"三字就是以临高话命名的，因为"南渡江"的发音与临高话中"河水"的发音是相同的。近四百年前，顾祖禹写《读史方舆纪要》，就知道南渡江是当地人起的名字，"南"是水的意思。其中记载了南渡江是"土人呼水为湳，故名"。而在临高话里"渡"是河的意思，"南渡"两字连起来就是"河水"之意，"江"字应是后来加上去的。

问汝平生功业，黄州惠州儋州

南渡江不仅风景秀丽，文化底蕴也相当深厚。"唐宋八大家"之一的东坡居士苏轼，才华横溢，青史留名，但其仕宦生涯却十分坎坷，屡遭贬谪。南渡江流经的儋州是苏轼仕途中最后一个谪居地，此地远离中原、孤悬海外。按说南渡江流域本应是他人生凄凉地，但他却把这里视作自己建功立业的重要地方；待3年后离开海南时，他留下

《名臣画像册》之海瑞像（清·冷枚/绘）

了"九死南荒吾不恨，兹游奇绝冠平生"的诗句。受苏轼的影响，今天的儋州人依然喜欢吟诗作赋，儋州不仅有许多民间诗社，就连儋州的山歌都酷似格律诗。"心似已灰之木，身如不系之舟。问汝平生功业，黄州惠州儋州。"这首《自题金山画像》是苏轼于去世两个月前在真州游金山龙游寺时所作，可谓是作者回首往事、对自己人生功业的一个总结。

明代著名政治家海瑞（1514—1587年）就出生于南渡江的出海口所在地——海南省海口市，他是我国历史上著名的清官，屡平冤假错案，以为政清廉、刚直不阿而深得民心。据说听到他去世的噩耗时，当地的百姓如失亲人，悲痛万分。当他的灵柩从南京走水路运往故乡时，南渡江两岸站满了送行的人。关于他的传说故事，更是在民间广为流传。海瑞和宋朝的包拯一样，是中国历史上清官的典范、正义的象征，被后人誉为"海青天""南包公"。他们的故事后经文人墨客整理加工，编成了著名的长篇公案小说《海公大红袍》和《海公小红袍》，或编成戏剧《海瑞》《海瑞罢官》《海瑞上疏》等。

原生态风光美如画卷

河流生态系统是多种生物的主要栖息地，对维持生物多样性起着重要作用。可以说，河流生态最能直接地反映"地球母亲"的健康状态。翻过高山峻岭，淌过台地平原，悠悠南渡江作为海南第一大河，以奔腾之姿一路向东北，百转千回、兼收并蓄中润泽两岸，使其四季葱茏、五谷丰饶。

其中，南渡江的主要发源地霸王岭、鹦哥岭，以及流经的琼中黎母山均属于海南热带雨林国家公园的一部分，是重要的生物基因库。南渡江与热带雨林相辅相成，互相滋养，在森林中形成了优良的热带雨林生态系统，为海南特有物种提供了优质家园。

南渡江澄迈段既有悠久的航运历史，又是南渡江流域最为缓慢静美的流段，沿岸既有景色优美的加笼坪景区，也有如瑞溪镇、加乐镇等风土人情淳朴的乡镇。近年来，澄迈县整合南渡江两岸旅游资源，打造海南、桂林生态山水旅游度假区。从澄迈金江镇码头出发，沿江而上，大江、青山、堤坝、森林、沙洲等景观交替出现，每一段江面都是一节生态旋律，沉醉其中，让人禁不住感叹南渡江沿岸原生态风光带来的震撼人心的美。

保护土著鱼迫在眉睫

我国是渔业大国，在中国传统文化中，鱼是富足、繁荣的象征。海南是"海的宠儿"，盛产各种海鱼。然而，被人忽略的是，因水量丰沛、河网密布等天然优势，海南岛的淡水鱼资源也十分丰富，截至2021年，共记录有13目50科108属，其中，特有种有23种。

然而，随着人类干扰活动的增加，南渡江的水生态系统遭受了一定程度的破坏，使鱼类逐渐丧失其适宜栖息地。比如，最有名的白骨鱼，学名为"海南长臀鮠"，在此前广泛分布于南渡江、昌化江水系，而如今仅在南渡江的松涛水库、龙塘江段等河流有少量分布，种群数量显著减少。目前，海南长臀鮠已被列为濒危物种，并被《中国脊椎动物红色名录》收录。

原先广泛分布于南渡江、万泉河等海南岛诸多水系之中的盆唇孟加拉鲮，近年来由于栖息地严重萎缩，仅偶见于南渡江上游的一条支流中，受威胁程度等级为"极危"，现已被列入《中国脊椎动物红色名录》。

海南长臀鮠和盆唇孟加拉鲮的命运并不是个例，曾因肉质鲜美、营养丰富而闻名岛内外的大鳞鲢已数十年不见其踪影。目前，与大鳞鲢一样同属鲤科的尖鳍鲤也已处于濒危状态，栖息地严重萎缩，对于海南岛母亲河南渡江鱼类的抢救性保护迫在眉睫。

水利水电筑梦海之南

大江截流，锁住了一江滔滔碧水，却为海南的建设释放了新的活力。

南渡江径流量为65.7亿立方米，总落差703米，流域内平均降水量为 1935 毫米，自上游往下游递减。南渡江水源丰富，流量大，受海南干湿两季的气候特征影响，南渡江的流量和水位暴涨暴落。流域水能理论蕴藏量为 219.8 兆瓦，可开发量为 83.6 兆瓦，年发电量可达到 3.72 亿千瓦。南渡江具有丰富的水量、巨大的落差，海南利用南渡江的这些先天性地理优势，建设了松涛水利枢纽工程、迈湾水利枢纽工程等骨干水利工程。

特别是 1961 年在南渡江上游干流上建成的松涛水库是全国十大水库之一，是海南省最大的人工湖，也是最大的水利枢纽工程。其库容量达 33.45 亿立方米，是集灌溉、防洪、供水、发电、通航、养殖、造林、旅游为一体的多功能大型综合水利工程，对克服南渡江流量不稳定有重要作用。

军民团结一家亲
——万泉河

万泉河是中国海南岛第三大河。清清之水自五指山来,九曲碧波,奔腾入南海。万泉河位于中国海南省海南岛东部,因为扛枪为人民的红色娘子军而名扬海内外。它由两源组成:南支乐会水为干流,长109千米;北支定安水源出黎母岭南。两水在琼海市合口嘴会合始称万泉河,经嘉积,至博鳌入南海。全长157千米,流域面积3693平方千米,总落差800米,平均坡降1.12‰。

万泉河背后的帝王故事

万泉河原名"多河",后改为万泉河,这与元朝文宗皇帝有直接关系。元朝中叶,武宗皇帝的第二个太子图帖睦尔因宫廷倾轧被流放到海南定安的多河畔。在流放期间,太子对多河与这里纯朴善良的百姓产生了深厚的感情。1328年7月,大元帝国的第十位皇帝也孙铁木耳在北京去世了。经宫廷的帝位之争,图帖睦尔被召回京继帝位。在即将离别万泉河时,太子携妻恋恋不舍,王官绅士率领村民夹岸欢送,握拳齐呼"太子万全,一路万全"。太子登基后的第三年即1330年,文宗皇帝为报答万泉河两岸的百姓送他"万全"的款款深情，将多河命名为"万泉河"。

中国"氧谷"

万泉河是海南的象征，河水纯净、清澈，宛如玉带。两岸风光山峦起伏，峰连壁立，乔木参天，奇伟险峻。万泉河不仅有莽莽苍苍的热带天然森林保护，更有"琼安橡胶园"、琼崖龙江革命旧址和石虎山摩崖石刻等自然历史人文景观。河两岸典型的热带雨林景观和鬼斧神工的地貌令人叹为观止。经专家考证，万泉河是中国未受污染、生态环境优良的热带河流，被誉为中国的"氧谷"。

红色娘子军

说起红色娘子军，人们必定想到万泉河。她们成长在万泉河，战斗在万泉河，她们的热血洒在万泉河。她们的英雄事迹与"母亲"万泉河一样，波澜壮阔，源远流长。

红色娘子军是土地革命战争时期，为适应斗争形势需

红色娘子军芭蕾舞剧（Byron Schumaker/摄）

要，在冯白驹领导下成立的琼崖纵队红三团下属的一支女性战斗部队。该武装部队人员绝大多数来自于农村青年妇女，有的来自农民赤卫队，有的是共产党员、共青团员。"坚决服从命令，遵守纪律，为党的事业奋斗到底！"在风起云涌的琼崖大地上，在革命浪潮云涌的万泉河畔，100位女性齐声喊出的这一句入伍誓词开启了红色娘子军的光荣历史，树起了妇女解放运动的一面旗帜，这些女性以叱咤风云的英雄气概走上武装斗争的前台。

1932年10月，在第二次反"围剿"中，琼崖红军师部、红一团余部及女子军特务连一连在南牛岭会师，一路南下，打算渡过万泉河，奔赴阳江，与红三团一部会合。但敌人盘踞万泉河各大渡口，在埠口架好长枪短炮，埋好地雷，只等红军入网。

从小在万泉河边长大的娘子军熟悉万泉河水文地理，白天化装成农妇，侦察地形。最后，在南俸山下，娘子军找到了河流最狭窄的地段——双滩渡口，这里泥沙堆积、竹林丛生，隐蔽性好，是最佳的强渡点。借着连日暴雨、河水暴涨，娘子军特务连掩护100多名红军战士分5批从双滩强渡万泉河。水流湍急，时间紧迫，简易扎绑的竹排随时会被河水冲走。更有娘子军战士不顾激流，一头扎进水里，用肩膀扛着竹排，让坐在竹排上的红军平稳过河。当最后一批的20多名红军已渡到河中央时，闻声赶到的敌人在岸上疯狂扫射，一场万泉河上的激战打响。

万泉河蜿蜒在海南广袤的大地上，滋养着海南人民。碧水盈盈，青山淡淡，涓涓细流汇聚成河。用生命保守党的秘密、永不叛党的忠诚是红色娘子军精神的重要组成部分。正是万泉河的红色文化与红色娘子军勇于砸碎旧社会的枷锁，参军后敢为人先、不怕牺牲的精神流淌在两岸人们心中，被广为传颂。如今人们再提起红色娘子军的故事，也无不感叹这批在琼崖革命中最早觉醒、为革命流血牺牲的英雄妇女为革命立下的不朽功勋。

　　浊水溪是中国第一大岛台湾岛最长的河流。它位于台湾本岛中西部，全长约186.4千米，流域面积达3156.9平方千米。浊水溪源出中央山脉合欢山南麓，向南接纳万大溪，沿山脉走向南下，接纳南来的郡大溪后向西流，穿行于中低山和丘陵地带，与来自南部玉山的陈有兰溪汇合后流出山地；向西流经平原地区，主流经西螺入台湾海峡。

浊水溪（Malcolm Koo/摄）

133

河名背后的神话传说

浊水溪原本叫"清水溪"。传说，在溪上有一座大山叫能高山。古时候，山脚下住着一个孤单的青年，叫索雅，他常受坏人的欺压。有一天，他在山脚下锄地时，凭借自己的善良勇敢从一只金钱豹嘴下救下了一只白兔仙。

白兔仙在知道索雅想在酷暑时节吃上葡萄后，为了报答索雅的救命之恩，将一颗紫珠送给索雅。在索雅埋下紫珠后，能高山上长了满山满岭的果藤。在索雅为单身发愁时，白兔仙将自己的女儿变成美丽的姑娘许配给他做妻子。从此，索雅和姑娘住在一起，唱着歌去锄地，唱着歌去摘葡萄。人们都为他俩的幸福而高兴。

可是好景不长，不幸又降临在他们的头上。一天，坏人将索雅的妻子掳走，在白兔仙的帮助下，索雅找到并解救了妻子。坏人发现姑娘不见了，立刻带上一伙坏家伙追赶。索雅和妻子跑到清水溪边，爬上葡萄藤。坏人和坏家伙们也跟着爬上了藤条。在千钧一发之际，索雅的妻子取出斧头，砍断了藤子。坏人和坏家伙们沉入水底，在水中挣扎翻腾时把清清的溪水都弄混浊了。任他们怎样折腾也没能再上岸。

后来人们就把这条清水溪改名叫作"浊水溪"，能高山这段溪湾就叫做"断藤湾"。从此以后，索雅和姑娘及当地的百姓就过上了平安的生活，能高山下天天都响起愉快的歌声。

天然分界线

一条浊水溪将台湾分成南北两个部分。这并不是人为形成的，而是大自然造成的天然现象。由于台湾的南北两部在地理条件和气候条件方面有所差异，台湾由浊水溪分成两半，看起来也是顺理成章。处在浊水溪北边的台湾，也就是台北，属于亚热带气候，而浊水溪以南的台南则是热带气候。两种不同的气候条件下能够种植的农作物也是不同的。浊水溪北部多数种稻子，而南部一般都会种甘蔗，因此大部分台湾糖厂都设立在浊水溪南面，可以说浊水溪在农业方面给台湾带去很大的优势。

浊水溪变清

浊水溪含沙量较大，水流常呈浑浊状态，这是因为覆盖在台湾背斜上部的第三纪地层多为脆弱的黏板岩，经暴雨和急流冲刷，大量被河水搬运到下游段，致使浊水溪变为泥浆状。"浊水"一名也由此而得。

浊水溪沿途接纳了万大溪、丹大溪、郡大溪、陈有兰溪、清水溪等支流。其实，这些混浊的河水过去主要来自万大溪和丹大溪，后因万大溪上修筑了水坝，除洪水期外，已经沉淀澄清，所以只有丹大溪的河水比较浑浊，其他支流河水清澈。在陈有兰溪与浊水溪汇合处的龙神桥还能看到清浊合流的景象。

台湾第一个抽蓄水式水电厂

浊水溪是台湾水力资源最丰富的河流，落差2400米，理论蕴藏量126万千瓦。浊水溪流经的水里乡是台湾水力发电厂最集中的地方。浊水溪在水里乡境内长约8千米，流域内有先后建成的大观一厂、大观二厂（明湖抽蓄水力发电厂）、明潭抽蓄水力发电厂、钜工电厂和水里电厂共5座，大观一厂使用的五组帕氏横式水轮发电机是

1923年制造的，今天仍在正常运转，被称为奇迹。1986年建成的大观二厂总装机容量为100万千瓦，是台湾第一个抽蓄水式发电厂。

1993年完工的明潭抽蓄水力发电厂总装机容量为160万千瓦，是台湾最大的蓄水发电厂，是完工当年世界上最大的抽蓄水力电厂之一，是继明湖抽蓄水力发电厂后第二座抽蓄水力发电厂，同时也是台湾水力发电的枢纽。

生态上的浊水溪

浊水溪流域面积广阔，流域内的地理环境复杂多元，使境内生态体也呈现丰富多彩的面貌。台湾环境保护署最新统计资料显示，浊水溪鱼类共有11科23种，包括白鳗、台湾石宾、台湾马口鱼等。

鸟类资源也相当丰富，分别在浊水溪下、中、上游之新西螺大桥、龙神桥及春阳三个样点共记录到21科4亚科58种鸟类，其中，在上游样点春阳调查到40种鸟类，为浊水溪各样点之冠。

特有种鸟类有紫啸鸫、冠羽画眉、白耳画眉及薮鸟等4种，台湾特有亚种鸟类共22种，以及外来种鸟类白尾八哥1种。列入保育类的鸟类有紫绣鸫、白耳画眉、薮鸟等11种。其中，在龙神桥站发现的隼属于濒临绝种保育类野生动物；在龙神桥站发现的大冠鹫以及在春阳桥发现的画眉属于珍贵稀有之保育类野生动物。

螺石宝藏

浊水溪出产一种珍贵的螺石，其颜色五彩缤纷，有黑色的、暗赭色的，其中，以暗赭色（俗称猪肝色）最为罕见。这种石头原产于浊水溪上游河岸，由于溪水的冲刷，泄入东螺溪、西螺溪的河床上。

最早的文献记录是由清嘉庆年间举人杨启元撰写的《东螺溪砚石记》："彰之南四十里有溪焉。源出内山，由水沙连下分四支，最北为东螺溪，溪产异石，可裁为砚，色青而圆，质润而粟。有金砂、银砂、水波纹各种，亚于端溪之石。"由于浊水溪床特产螺溪石，旧时浊水溪也称作为螺溪，下游又分成东螺溪和西螺溪，浊水溪的主流为东螺溪，因此从东螺溪拾取适合做砚的石材就被称为螺溪石，而现今所称螺溪石是专指从浊水溪主流或支流的河床上拾取适合做砚的溪石。螺溪石所制成的砚台，具有经冬不冻、贮水经久不干、不伤毛笔、质地温润、磨的墨汁黑又亮等特点，自嘉庆年间以来，螺溪砚受许多文人雅士以及爱砚者推崇，为螺溪砚树立起了难以撼动的地位。

岛屿文明供养者
——中国岛屿上的河流

最大岛上的最大河
——高屏溪

高屏溪，旧名下淡水溪，位于台湾南部，长度仅次于浊水溪，河长171千米，流域面积广达3256平方千米，为台湾流域面积第一、长度第二的河流。主流上游荖浓溪发源于玉山山脉玉山东峰附近，主要支流包括楠梓仙溪、隘寮溪及荖浓溪分流浊口溪，楠梓仙溪分流美浓溪、口隘溪等。高屏溪向南流经共二十五个乡（镇、市），于高雄市林园乡及屏东县新园乡之间注入台湾海峡，因其流经旗山到林园工业区出海，正好使高雄市与屏东县分隔而得名。

南台湾生命之河

高屏溪是南台湾住民的生命之河，溪水滋润沿岸的大地，或满足生活用水，或灌溉田园，或供工业生产使用。流域由高而低孕育出多元的族群与文化，上游高雄桃园、那玛夏是邹族与布农族等原住民世居之地；中下游的高雄美浓则是闻名全台的客家庄；沿海冲积平原则是早期大陆闽南移民的垦殖地区，为南台湾米仓之一。其中的高身鲴鱼，是濒临绝种的野生动物，在高屏溪也有分布，此外还有鲈鳗、埔里中华爬岩鳅及盖班斗鱼三种珍贵稀有鱼类。出海口的湿地、浮覆地，生活着许多野鸟。

"脱胎换骨"的工业大河成生态保护佳例

高屏溪流域内年平均降水量每年达3046毫米，平均年径流量高达84亿立方米；平均每年输沙量约为3561万吨，每平方千米流域面积输送10934吨，居全世界第11位。高屏溪夹带着漂沙经过洋流与季风的搬移，为高雄港形成提供了天然条件，高雄地区的繁荣始终依赖着高屏溪的哺育灌溉。但近代高雄的工业化与都市化，使得高屏溪深受污染之害，其主要污染情形有：乱砍滥伐、盗采砂石、畜牧污染、生活污染、水库污染、废弃物污染等。

高屏溪污染整治以来，水质已有相当程度改善，大树拦河堰及出海口河段的浮游植物、底栖生物、鱼类及鸟类物种已相当多元。台湾环境保护署最新统计资料显示，高屏溪大树拦河堰地区在旱季及雨季的鱼类分别以高身鲴鱼和高体四须鲃为主要优势鱼种，可视为目前河川水体的代表性指示物种；出海口地区在旱季及雨季则可分别以环球海鰶和大鳞鲻作为代表性指示物种。底栖生物部分在大树拦河堰地区旱季以翡翠贻贝为代表性指示物种，雨季则以秀丽白虾为代表性物种；出海口地区不论旱季或雨季均以翡翠贻贝为代表性指示物种。但凤山溪河段污染情况严重，水生生物受到环境冲击而无法呈现生机。所幸在政府与诸多民间团体的多年努力之下，高屏溪已经"脱胎换骨"，成为河川整治的佳例之一。

（执笔人：罗情怡、丘明智）

　　在各个文明的神话故事中都有一位创世神，他为这个世界创造了星星和大地、山脉和河流。很多人会认为，自然界的事物都是自古就有的，可是，秉承"人定胜天"精神的古人早在几千年前就开始做"神"的工作了。在中国，胥河是史书记载最早的人工河，开凿于公元前506年。在国外，最早的人工河开凿于公元前两千多年，为古苏伊士运河。历史上，人工河不论对于商业，或是文明的成长及发展都非常的重要。虽然现今仍在运作的人工河不多，但以前有许多人工河带动了经济的成长，事实上修造人工河也是都市化及工业化必要的条件。为满足社会发展的需要，人们开凿运河，移富庶济贫瘠，灌荒芜为沃野，从而摆脱困境，铸就强国富民的根基。

人类意志见证者
——人工河

『运河转漕达都京』
——京杭大运河

　　提到中国用于航运的人工河，人们往往第一想到的就是贯通南北的京杭大运河。京杭大运河始建于春秋时期，是世界上里程最长、工程最大的运河，也是至今仍被使用的最古老的运河之一。

　　大运河的修建由来已久，胥溪、胥浦是京杭大运河最早成形的两段，也是中国最早开凿的人工河，相传是以吴国大夫伍子胥之名命名。后来，统治长江下游一带的吴王夫差为了北伐齐国，争夺中原霸主地位，调集民夫开挖自今扬州向东北，经射阳湖到淮安入淮河的运河（即今里运河），因途经邗城得名"邗沟"，全长170千米，把长江水引入淮河，成为大运河最早的雏形。

　　至战国时代，人们又先后开凿了大沟（从今河南省原阳县北引黄河南下，注入今郑州市以东的圃田泽）和鸿沟，从而把江、淮、河、济四水沟通起来。隋王朝在天下统一后即做出了贯通南北运河的决定，其动机已超越了服务军事行动，有了更多经济方面的动机。隋定都长安，其政治中心与当时南移的经济重心相隔甚远，因此国家需要加强对南方的管理，长安需要与富庶经济区联系，南方粮食物资需要供应北方。同时，长时期的分裂阻断了社会南北经济的交流，而随着生产力水平的提高，经济的发展到这一时期已迫切要求南北经济加强联系。

隋以后的历朝历代至清朝后期的统治者，无论是大一统时期，还是分裂时期，都注重运河的疏凿与完善，充分利用运河漕运，其动机无外乎经济、政治、军事等方面。以运河为基础，建立庞大而复杂的漕运体系，将各地的物资源源不断地输往都城所在地，成了中华大地统治者主要的统治手段之一。至元代，京杭大运河全线贯通，明、清两代维持元运河的基础，明时重新疏浚元末已淤废的山东境内河段。从明中叶到清前期，在山东微山湖的夏镇（今微山县）至清江浦（今淮安市）间，实施了黄运分离的开泇口运河、通济新河、中河等运河工程，并在江淮之间开挖月河，进行了湖漕分离的工程。运河的通航促进了沿岸城市的迅速发展（图11）。

如今的京杭大运河自北向南流经京、津两市和冀、鲁、苏、浙4省，流经北京、天津、杭州、镇江、清江、扬州、台儿庄、临清、苏州、湖州、宣城、淮安、徐州、聊城、济宁、德州、沧州17座城市，沟通了海河、黄河、

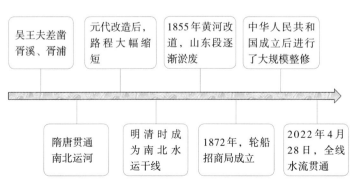

图11　京杭大运河发展时间线

淮河、长江、钱塘江五大水系。

京杭大运河蜿蜒3200千米，拥有2500余年历史。北京位于京杭大运河最北端，千百年来流淌的运河水汇聚于此，凝结了深厚的运河文化底蕴。大运河的开掘加强了南北交通和交流，巩固了中央政府对全国的统治，加强了对江南地区的经济建设，促进了中原文化和南方文化相融合，并且方便南粮北运。漕运之便泽被运河两岸，不少城市因之而兴，积淀了独特深厚的历史文化底蕴。有人将大运河誉为"大地史诗"，它与万里长城交相辉映，在中华大地上烙了一个巨大的"人"字，同为汇聚了中华民族祖先智慧与创造力的伟大事物，还促进了扬州、苏州、杭州等沿岸城市的发展，反映了交通对聚落发展的巨大影响。2014年6月22日，第38届世界遗产大会宣布中国大运河项目成功入选《世界文化遗产名录》。

开凿人工河的另一个主要目的是灌溉农田，其中，堪称具有开创性并持续发挥功用的一条人工河是战国末年秦国穿凿的郑国渠。

郑国渠位于今天的陕西省泾阳县西北25千米的泾河北岸，长150千米，西引泾水，东注洛水。郑国渠由韩国水利工程师郑国主持修建。郑国原本是西去秦国的细作，劝说秦王政兴修水利工程，企图使秦国把经费与人力放在国内，无暇部署东征。后来，秦王发觉郑国的阴谋，怒欲杀之，郑却说："臣起初确实是来当间谍的，但是渠道修建完成也对秦国有利；臣帮助韩国延长短短几年的国祚，却可以为秦国创建万世的大功。"秦王政甚以为然，工程得以继续进行，于公元前246年开始使用（图12）。

泾河从陕西北部群山中冲出，流至礼泉就进入关中平原，平原东西数百里，南北数十里。关中平原地形特点是西北略高，东南略低。郑国渠的修造充分利用这一有利地形，人们在礼泉县东北的谷口开始修干渠，使干渠沿北面山脚向东伸展，很自然地把干渠分布在灌溉区最高地带，不仅最大限度地控制了灌溉面积，而且形成了全部自流灌

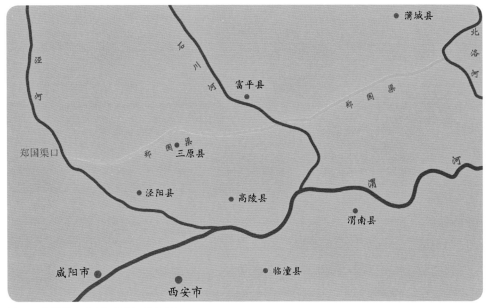

图 12　郑国渠水系（汉代）（田震/绘）

溉系统，可灌田四万余顷。郑国渠开凿以来，由于泥沙淤积，干渠首部逐渐被填高，水流不能入渠，历代以来在谷口地方河水入渠处不断改变，但谷口以下的干渠渠道始终不变。

　　郑国渠是古代劳动人民修建的一项伟大工程，是最早在关中建设的大型水利工程。郑国渠的作用不仅在于它发挥灌溉效益100余年，而且还在于首开了引泾灌溉之先河，对后世引泾灌溉产生了深远的影响。秦以后，历代陆续在这里完善其水利设施：先后开通汉代白公渠、唐代三白渠、宋代丰利渠、元代王御史渠、明代广惠渠和通济渠、清代龙洞渠等渠道。值得称颂的就是引泾工程。1929年，陕西关中发生大旱，三年六料不收，饿殍遍野。中国近代著名水利专家李仪祉先生临危受命，毅然决然地挑起在郑国渠遗址上修泾惠渠的重任。在他的亲自主持下，此渠于1930年12月破土动工，数千民工辛劳苦干，历时近两年，终于修成了如今的泾惠渠。1932年6月，放水灌田，引水量为16立方米/秒，可灌溉60万亩土地，至此开始继续造福百姓。2016年11月8日，在泰国清迈召开的第二届世界灌溉论坛暨67届国际执行理事会传来喜讯：郑国渠申遗成功，成为世界灌溉工程遗产。

除京杭大运河，我国还有另一条以航运功能为主要功能的运河，即秦代建成的灵渠。灵渠又名湘桂运河、兴安运河，俗称"陡河"，位于广西桂林市兴安县境内，是世界上最古老的运河之一，也是目前所知世界上最古老的盘山渠道，同时还是中国古代著名的水利工程。它开凿于秦代，沟通长江水系的湘江和珠江水系的漓江（桂江上游河段），自古以来是岭南地区与中原地区之间的水路交通要道，是古代中国劳动人民创造的一项伟大工程，位于广西壮族自治区兴安县境内，于公元前214年凿成通航（图13）。灵渠由东向西，将兴安县东面的海洋河（湘江源头，由南向北流）和兴安县西面的大溶江（漓江源头，由北向南流）相连，是世界上最古老的运河之一，有着"世界古代水利建筑明珠"的美誉。

秦并六国以后，秦始皇为开拓岭南，完成大一统，于公元前221年命屠睢率兵50万人分5军南征百粤，每军要占领五岭一个主要的隘道，而占领湘桂两省边境山岭隘道的就是其中的一个军。他们最初遭到当地民族人民的抵抗，3年兵不能进，军饷转运困难。秦始皇二十八年（公

图13　灵渠水系（田震/绘）

元前219年），秦始皇命监御史禄掌管军需供应，督率士
兵、民夫在兴安境内湘江与漓江之间修建一条人工运河，
运载粮饷。公元前214年，灵渠凿成。

　　灵渠主体工程由铧嘴、大天平、小天平、南渠、北
渠、泄水天平、水涵、陡门、堰坝、秦堤、桥梁组成，尽
管它们兴建时间不同，但相互关联，成为灵渠不可缺少
的组成部分。东汉建武十八年（公元42年），交趾女子征
侧、征贰反叛朝廷，光武帝派伏波将军马援南征，继续疏
浚灵渠，其后历代均有疏浚与维护。

　　灵渠的凿通沟通了湘江、漓江，打通了南北水上通
道，为秦王朝统一岭南提供了重要的保障，大批粮草经水
路运往岭南，有了充足的物资供应。公元前214年，即灵

渠凿成通航的当年，秦兵就攻克岭南，随即设立桂林、象郡、南海三郡，将岭南正式纳入秦王朝的版图。灵渠连接了长江和珠江两大水系，构成了遍布华东华南的水运网。自秦以来，灵渠对巩固国家的统一，加强南北政治、经济、文化的交流，密切各族人民的往来都起到了积极作用。后灵渠经历代修整，依然发挥着重要作用。2018年8月13日，灵渠入选2018年世界灌溉工程遗产名录。2021年1月，"灵渠"入选第四批国家水情教育基地名单。

人类意志见证者
——人工河

天府之源
——
都江堰

　　都江堰，位于四川省成都市都江堰市城西，坐落在成都平原西部的岷江上，是由渠首枢纽（鱼嘴、飞沙堰、宝瓶口），灌区各级引水渠道，各类工程建筑物和大中小型水库、塘堰等构成的一个庞大的工程系统（图14）。渠首占地面积200余亩。它担负着四川盆地中西部地区7市（地）40县（市、区）1130万余亩农田的灌溉、成都市多家重点企业和城市生活供水，及防洪、发电、漂水、水产、养殖、林果、旅游、环保等多项目标综合服务，是四川省国民经济发展不可替代的水利基础设施。

　　都江堰的创建有其特定的社会历史根源。战国时期，战争四起，饱受战争痛苦的人民渴望国家的统一。当时，落后的秦国经过变法改革，一跃成为"国富兵强，长雄诸侯，周室归籍，四方来朝"的强国。国势振兴、实力雄厚的秦国亟欲统一天下，结束分裂局面。秦欲统一中国，必须有其坚实的后方基地为它提供可靠的兵力、财力，故早有图巴、蜀之意。首先，秦惠王诱使蜀王修通了与秦的道路，并不断用金银美女麻痹蜀王。《华阳国志·蜀志》载："蜀侯使朝秦，秦惠王数以美女进，蜀王感之，故朝焉。"

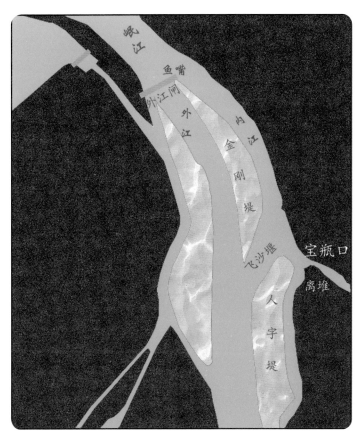

图14 都江堰结构（田震/绘）

秦为促进生产力的发展，将蜀地建设成可靠的战略基地，势必要兴修水利。兴修水利，政局稳定是先决条件。故秦并蜀后，采取了一系列重大措施：为加强秦在蜀中的政权力量，首先"乃移秦民万家实之"。此举也给蜀地带来了中原文化和先进的生产技术。同时，立刻修建了成都城、郫城和临邛城，使之成为既是新的政治、经济中心，又是军事设防的堡垒。《华阳国志·蜀志》有言："营广府舍，置盐铁市官并长丞，修整里阓，市张列肆，与咸阳同制。"这表明秦政府着手进行了一项重要的经济改革，即用封建制度的个体工商业代替原蜀国的奴隶制工场。秦灭蜀后的三十多年间，先后平定了蜀侯、蜀相的三次叛乱。公元前285年，秦昭王采取了断然措施，废蜀侯，彻底废除了分封制而代之以郡县制。此时，蜀地人民得到了休养生息，生产有了发展，故人心归顺，政局稳定。这既从生产关系上为解放生产力创造了条件，也从组织上为都江堰的兴建提供了保障。

公元前276年，蜀郡守李冰总结了前人治水的经验，组织岷江两岸人民修建都江堰。李冰将已有治理经验与实际地形结合考虑，根据岷江地处高山峡谷，河面开阔，流速顿减，以及左岸一带山势弯环的地形特点和资源条件，精心设计了都江堰水利工程。首先，"凿离堆，避沫水之害"，即将瀚山伸向灌县城西的一段余脉，凿开一道约二十米宽的引水口。这既可以分洪减灾，又能引水灌溉成都平原。二是"壅江作"，即修筑都江堰分水堤。其布局是：在离堆以上的一段江心，沿左侧山麓的走向，就地取沙石修筑长堤，并将此段山麓修整成为引水渠的左岸，构成从右（岷江正流）向左的弧形弯道（这段弯道称为内江），以迫使表层水自右向左进入引水渠；底层水挟带泥沙仍奔向正流。此举大大减少了灌溉渠道的泥沙淤积，使渠道的畅通得到保障。《益州记》叙述这段史实的文字说道："江至都安，堰其右，检其左，其正流遂东……"意思是说，岷江水流经分水堤右侧的导引和左面山岩的钳制，驯服地流向成都平原。三是"穿二江成都之中"，即在离堆引水口以下开凿两大干渠（即今之走马河、柏条河），将水引入成都平原（表5、表6）。

表5　都江堰结构及功能

结构名称	简介	主要功能
鱼嘴	岷江上利用河心州淤滩修建的分水工程	将河道形势由宽浅式变为窄深式，解决了内江灌区冬春季枯水期农田用水以及人民生活用水和夏秋季洪水期的防涝问题
飞沙堰	在分水堤坝中段修建的泄洪道	作为内江右岸重要的旁侧溢洪道，同时可以起到排沙的作用
宝瓶口	内江的进水口	起"节制闸"作用，能自动控制内江进水量
离堆	宝瓶口处阻挡、调节洪水的工程设施	阻挡过大的水流及泥沙，调节洪峰
走马河、柏条河	宝瓶口下游灌区	服务于下游地区的灌溉

表6　都江堰历代治水经验

简称	内容	注解
六字诀	深淘滩、低作堰	"深淘滩"是为使内江河床保持一定的深度，保证宝瓶口进水流量与灌溉用水需要。"低作堰"指飞沙堰不宜筑得太高，否则会影响泄洪和排沙效果
三字经（一）	六字传，千秋鉴。挖河心，堆堤岸。分四六，平潦旱。水画符，铁桩见。笼编密，石装健。砌鱼嘴，安羊圈。立湃阙，留漏罐。遵旧制，复古堰	沿承六字诀的核心观点，在此基础上细化了各项具体的工程操作
三字经（二）	深淘滩，低作堰。六字旨，千秋鉴。挖河沙，堆堤岸。砌鱼嘴，安羊圈。立湃阙，留漏罐。笼编密，石装健。分四六，平潦旱。水画符，铁桩见。岁勤修，遇防患。遵旧制，毋擅变	较三字经（一）进一步强调了既有经验的重要性，并强调各项修葺措施要到位
八字格言	遇弯截角，逢正抽心	在治理过程中发展完善出新的理念，在现代河流治理中仍有重要价值

简称	内容	注解
新三字经	深淘滩，高筑岸；疏与堵，要全面；险工段，双防线；前有失，后不乱；堤夯实，坡改缓；基挖够，漕填满；石砌牢，脚放坦；勤养护，常看管	融合了千年来的治理经验与现代工程技术，使得都江堰的治理维护更具科学性并能发挥更大的效益

都江堰是当今世界年代久远且唯一留存下来的宏大水利工程。它不仅是中国水利工程技术方面的伟大奇迹，还是世界水利工程的重要成就。它充分利用当地西北高、东南低的地理条件，根据江河出山口处特殊的地形、水脉、水势，乘势利导，自流灌溉，使堤防作用、分水、泄洪、排沙、控流相互依存，共同构成一个体系，保证了防洪、灌溉、水运和社会用水综合效益的充分发挥。它最伟大之处是建成两千多年来经久不衰，而且发挥越来越大的效益。都江堰的创建以不破坏自然资源、充分利用自然资源为人类服务为前提，变害为利，使人、地、水三者高度协调统一。都江堰是全世界迄今为止仅存的一项伟大水利生态工程，开创了中国古代水利史的新纪元，是中国古代人民智慧的结晶。如今的都江堰早已是世界文化遗产、世界自然遗产的重要组成部分，世界灌溉工程遗产，全国重点文物保护单位，国家级风景名胜区，国家AAAAA级旅游景区。

人工河的建设耗费惊人，因而历代开凿人工河大都有着宏伟的目标和收益的考量，但在有些情况下，开渠引水是生存的必需和民生的根本。林县处于河南、山西交界处，历史上严重干旱缺水。据史料记载，从明朝正统元年（即1436年）到中华人民共和国成立的1949年，林县（今林州市）发生自然灾害100多次，大旱绝收30多次。有时大旱连年，河干井涸，庄稼颗粒不收。元代山西潞安知府李汉卿筹划修建了天平渠，明代林县知县谢思聪组织修建了谢公渠，但是这些工程也只解决了部分村庄的用水问题，不能从根本上改变林县缺水的状况。当时全县的耕地面积共有98.5万亩，但水浇地只有1.24万亩，粮食产量很低，人民生活十分困苦。1949年林县全境解放，随后县政府组织修建了许多水利工程，一定程度上缓解了用水困难。1957年起，先后修建英雄渠、淇河渠和南谷洞水库弓上水库等水利工程。但由于水源有限，仍不能解决大面积灌溉问题。1959年，林县又遇到了前所未有的干旱。境内的四条河流都断流干涸了，已经建成的水渠无水可引，水库无水可蓄见了底，山村群众又要远道取水。经过多次讨论，大家认为要解决水的问题，必须寻找新的可靠的水源，修渠引水入林县。但是在林县境内没有这样的水源，县委把寻水的目光移向了林县境外，想到了水源丰富的浊漳河。

红旗渠是20世纪60年代林县人民在极其艰难的条件下，从太行山腰修建的引漳入林的水利工程。干渠长70.6千米，干渠、支渠、斗渠共计长约1500千米，由于多处渠段位于山腰的悬崖峭壁上，因此获誉为"人工天河"。红旗渠的建成彻底改善了林县人民靠天等雨的恶劣生存条件和环境，解决了56.7万人和37万头家畜的吃水问题，粮食亩产由红旗渠未修建初期的100千克增加到1991年的476.3千克。红旗渠被林州市人民称为"生命渠""幸福渠"。红旗渠是林州人民发扬"自力更生，艰苦创业、自强不息、开拓创新、团结协作、无私奉献"精神创造的一大奇迹，结束了林州十年九旱、水贵如油的苦难历史。红旗渠是刻在太行山岩上的一座丰碑，红旗渠精神是林州人民的传家宝。特别是改革开放以来，林州人民不断赋予红旗渠精神新的内涵，将中华民族艰苦奋斗的传统美德与时代精神结合起来，谱写了气壮山河的"战太行、出太行、富太行"创业三部曲，实现了林州由山区贫困县向现代化新兴城市、生态旅游城市的跨越（图15）。林县人民在建设红旗渠这项惊天地、泣鬼神的伟大工程中，培育了气壮山河的红旗渠精神。红旗渠已不单纯是一项水利工程，它已成为民族精神的一个象征。红旗渠精神是林州人民和河南人民伟大创业精神的见证，这种艰苦奋斗的拼搏精神激励人们战胜各种困难，创造人间奇迹。红旗渠早已成为国家AAAAA级旅游景区、全国重点文物保护单位，被誉为"世界第八大奇迹"。

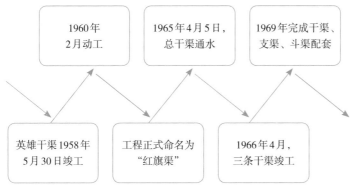

图15　红旗渠建造历程

红旗渠（《人民画报》1965年摄）

人类意志见证者
——人工河

157

中国唯一建在戈壁上的人工河
——克拉玛依河

　　修建引水工程往往都充满艰难险阻，在我国的西北荒漠，有一条建在戈壁上的人工河——克拉玛依河。克拉玛依，新疆维吾尔自治区辖地级市，地处准噶尔盆地西部，是欧亚大陆的中心区域——泛中亚地区的中心区，是国家重要的石油石化基地和新疆重点建设的新型工业化城市及世界石油石化产业的聚集区，总面积7733平方千米。克拉玛依因石油而生，这里几乎不下雨，曾经水比石油更加珍贵，因为修筑人工河从不毛之地蜕变成了荒漠里的宜居城市，这条河就叫做克拉玛依河。

　　20世纪，为了解决克拉玛依市的用水问题，克拉玛依市启动了引额济克的工程，将额尔齐斯河的水由北向南调，就形成目前的克拉玛依市的穿城河克拉玛依河，全长仅8.5千米，但却是西部地区最大的一条人工河。2000年8月，克拉玛依河建成投产后，有效缓解了克拉玛依市这座石油之城用水紧张，助力了新疆石化工业崛起。

　　引额济克工程是国家第九个五年计划时期自治区实施的骨干水利工程。它的建设不仅解决了北疆地区油田勘探开发和沿线农业综合开发的水源问题，而且还促进了相关工业的发展，推动经济发展和维护社会稳定。引额济克工程是一项跨流域、长距离的调水工程，工程项目建成投产后，当保证率为75%时，年引水量可达8.4亿立方米，可提供工业用水1.9亿立方米、农业用水6.5亿立方米，新增耕地6700平方千米，年发电量1.4亿千瓦·时，经济效益和社会效益十分显著。引额济克工程将戈壁变为绿洲，在河的两边建成了绿色的城市，为新疆作出了重要贡献。

（执笔人：田震、桑翀、李婧婷）

　　在我国，南北水资源分布是很不均衡的。南方每年都有富余的水流入大海，而北方地区却长期干旱缺水，水的短缺已严重影响到生态环境健康、人民生活质量与工农业生产。面对种种问题，1952年10月30日，毛泽东提出"南方水多，北方水少，如有可能，借点水来也是可以的"。如今，"南水北调"作为我国的标志性水利工程，影响着我国自然社会、经济、文化等方方面面，为国家的建设带来源源活水。这一庞大的工程构想从何而来？又为何要建设这一项目？它有哪些特点，又带来了什么变化？让我们从我国的水资源布局开始，一路讲到"国家水网"的概念，来看看南水北调的前世今生。

中华复兴推动者
——南水北调与国家水网

『南方水多，北方水少』
——南水北调的实施基础

　　水孕育了中华文明，但中华文明的历史也是一部与水不断争斗的历史。大禹治水的传说，到都江堰、红旗渠等水利工程，都展现着中华人民的智慧与勤劳，也说明了自古以来人们对水资源利用非常重视。

　　我国的水资源总量不小，约有3万亿立方米，占全球水资源的6%，位列世界第六。然而，这些水资源要养育大量的人口，这使我国的人均水资源量远低于世界平均水平，仅有大约世界人均淡水资源的四分之一，因此，我国的水资源十分珍贵。与此同时，水的分布也不均匀。以秦岭—淮河为界，南方水多，北方水少。长江以南地区占我国国土面积的36.5%，却有着全国81%的淡水资源；北方地区却需要以剩下的淡水支撑全国约四成的人口用水、滋养全国约六成的耕地。这样的水资源与人口、耕地等资源的布局不相匹配。

　　淡水资源的管理还与季节变化息息相关。我国受季风影响显著，自古以来，黄河断流与改道、长江地区泛滥灾害，都会给当地人民的生活与社会的经济发展带来严重的影响。由于华北地区位于温带季风气候区，降水较少，年降水量在400~800毫米，降水集中在7~8月份，因此河流径流量小，径流量季节变化、年际变化大，春季气温回升快，蒸发旺盛，春旱尤其突出。而南方地区雨季开始早，结束晚，持续时间长，年降水量在800毫米以上，长江中下游流域洪水易发，形成了"南涝北旱"的局面。

随着城市与工业的发展、人口的迁移与增长，全国用水总量总体呈缓慢上升趋势，水资源的供给问题日益突出，解决水资源问题的需要也日益凸显。据南水北调工程通水前（2013年）的统计，全国600多座城市中，已有400多座城市存在供水不足问题，其中，比较严重的缺水城市数量多达110个，全国城市缺水总量为60亿立方米。除了缺水，我国还面临着突出的水污染。海河、辽河、淮河、黄河、松花江、长江和珠江等江河水系均受到不同程度的污染，且浅层地下水资源污染比较普遍，全国约有50%的地区面临着浅层地下水污染。北方地区为缓解水资源短缺，采取地表水、地下水两种水源混用方案，而长期的地下水抽调会导致区域地下水位下降，最终形成区域地下水位的"降落漏斗"，引发地面沉降；临海城市则因此面临着严重的海水倒灌问题，进一步加重了水资源、土地资源的利用困局。

长江自西向东流经大半个中国，上游靠近西北干旱地区，中下游与最缺水的黄淮海平原与胶东平原相邻，从地理位置、水文及经济技术方面都具有修建跨流域调水工程的条件。如果能从水量相对充沛的长江流域向华北地区调水，就能大大缓解北方水资源短缺。这也就成了南水北调工程能够立项并实施的基础。

1952年，毛泽东主席视察黄河开封段。当他听闻南北水治理的诸多问题时，不由得感叹说："南方水多，北方水少，如有可能，借点水来也是可以的。"由此，拉开了"南水北调"这一宏大战略构想的序幕。经过半个多世纪的规划论证与建设，南水北调"四横三纵，南北调配、东西互济"的网络格局形成。

2002年12月，《南水北调工程总体规划》确定了三条线路，分别在西、中、东线从长江上、中、下游向北方地区调水，涉及长江流域、黄河流域、淮河流域与海河流域，总规模约448亿立方米，相当于给北方地区增加了一条黄河的水量。截至2022年，南水北调中线、东线一期工程已通水，二期工程正在规划建设中，西线工程规划方案等工作正在逐步推进（图16）。

东线工程以长江下游扬州江都水利枢纽为起点，利用京杭大运河及与其平行的河道逐级提水北送，并连接起调蓄作用的洪泽湖、骆马湖、南四湖、东平湖，出东平湖后分两路输水：一路向北，穿黄河输水到天津；另一路向东，通过济平干渠、胶东输水干线经济南输水到烟台、威海、青岛。规划调水规模148亿立方米。东线一期工程于2013年11月15日通水，输水干线全长1467千米，抽水扬程长65米，年抽江水量88亿立方米，向江苏、山东两省18个大、中城市90个县（市、区）供水，补充城市生活、工业和环境用水，兼顾农业、航运和其他用水。

丹江口大坝加高后，中线工程从丹江口水库引水，沿

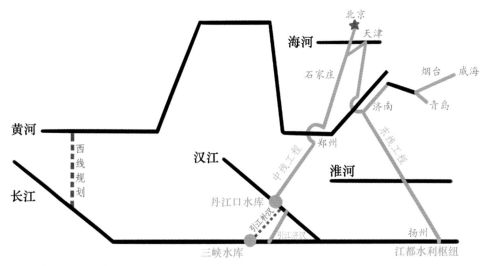

图16 南水北调"四横三纵"示意图（凌畅/绘）

黄淮海平原西部边缘开挖渠道，经唐白河流域西部，过长江流域与淮河流域的分水岭方城垭口，在郑州以西李村附近穿过黄河，沿京广铁路西侧北上，基本自流到北京、天津，规划调水规模130亿立方米，分二期建设。中线一期工程于2014年12月12日通水，输水干线全长1432千米，多年平均年调水量95亿立方米，向北京、天津、河北、河南四省（直辖市）24个大、中城市的190多个县（市、区）提供生活、工业用水，兼顾农业和生态用水。

西线工程是调长江水入黄河上游。根据规划，西线工程是从长江上游的通天河、雅砻江、大渡河引水入黄河上游的青海、甘肃、宁夏回族自治区、内蒙古自治区、陕西、山西等地，以补充黄河上游水资源，解决我国西北干旱缺水的问题。

一项规模浩大的水利工程光是有"调水"的设计是不够的。南水北调涉及经济、社会、文化、生态等多个方面的问题，要保证长期解决北方水资源严重短缺的问题，就必须将南水北调工程的规划和实施建立在节水、治污和生态环境保护的基础上，做到"先节水后调水，先治污后通水，先环保后用水"，将节水、治污和生态环境保护与工程建设相协调，以水资源合理配置为主线，开展总体规划。

东线工程

东线一期工程由调水工程和治污工程两大部分组成，涉及泵站建设改造、水资源监测控制与处理等多个内容。

江都水利枢纽坐落在京杭大运河和新通扬运河交汇处，始建于1961年12月，历时16年完成，是南水北调东线工程的起点。这座庞大的水利枢纽由4座电力抽水站构成，共有12座水闸，可以以每秒约400立方米的提水速度向北方抽引长江水。在南水北调东线工程中，黄河下游的东平湖是地势最高点，而东平湖以南的地势自南向北逐渐升高，从调水起点到黄河，足有近40米的高度差。因此，从江都出发的长江水必须"翻山越岭"才能到达黄河以北。

南水北调东线的提水北送是由一系列泵站工作实现的。东线一路上建有34处站点、160台水泵，形成了世界最大的泵站群。这些泵站位置被划分为13个梯级，部分泵站同时具有调水和排涝的功能，在输水的同时满足了沿岸地区防洪的需求（图17）。

到达东平湖后，抽调的江水分为两路，一路将通过隧洞，穿过黄河主槽与黄河北大堤，在东阿县位山村附近以埋涵的形式穿过位山引黄渠渠底，经出口闸与黄河以北输水干渠相接，向北继续输送；另一路向东，通过新建济平干渠，经济南进入胶东地区输水干线，为青岛、烟台、威海等地带去长江水。

在南水北调工程开始后，京杭大运河的航道情况也得到了改善，航运能力得到了显著提高，这一世界上规模最大的人工运河在现代社会又焕发出新的生机和活力。同时，为保证水质，黄河以南段流域地区开展长期的污水治理，促使东线水质达标，发挥了对其他流域污染治理的辐射带动作用。

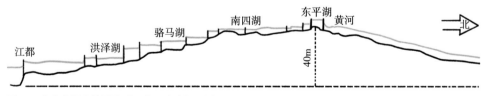

图17　南水北调东线泵站群示意图（凌畅/绘）

中线工程

中线一期工程由水源及输水干线工程、汉江中下游治理工程、丹江口库区及上游水污染防治和水土保持工程等部分组成，涵盖了输水干线工程建设、水源地保护治理等多个方面。

1958年，在《中共中央关于水利工作的指示》中正式提出了南水北调工程，并提出动工修建丹江口水库作为中线的水源地。1974年，丹江口水利枢纽初期工程完成，坝顶高度为162米，是南水北调构想迈向现实的第一步。如今，经过二期工程加高扩建，丹江口水库蓄水高度达到170米，库容达到290.5亿立方米，面积约为1000平方千米，有亚洲最大的人工淡水湖。现在的丹江口水库不仅正式具备了承担南水北调输水的能力，还兼备防洪、发电、航运、灌溉及旅游等能力。为保证输水水质良好，湖北、陕西等地纷纷采取水源地保护措施，利用植树造林等方式保护水源地水质、改善水源地生态环境。

长江水要跨流域输送到北方，必须处理好和黄河之间的关系。黄河下游淤积泥沙，河床高出地面，如果要从河面上架设输水管道，需要克服落差将水抬上来。这样，不仅在建设中要考虑水压、风阻等因素，耗费更多的人力物力，还会影响正常的黄河河运。为了保证水质优良，降低工程对周边环境的影响，南水北调中、东两线调水都选择了开凿河底隧洞的方式。

穿黄工程是南水北调中线的一大关键工程，被称为南水北调中线的"咽喉"工程。它位于河南省郑州市黄河上游约30千米处，经过南岸明渠，通过过河隧洞和邙山隧洞到达黄河北岸明渠，线路全长19.3千米，该工程修建创下了我国的数个工程纪录（图18）。

中线工程穿越黄河后沿京广铁路西侧北上，基本一路自流，向河南河北沿线城市供水，最后进入天津、北京（图19）。由于工业化发展和城市用水，京津冀地区缺水严重，用水十分紧张，并存在地下水水位下降、地面沉降等问题。南水北调中线通水后，华北地区有了新的水源，过去依赖地下水的城市用水情况得到了有效地改善。华

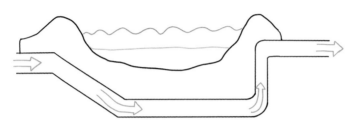

图18　南水北调中线穿黄隧洞示意图（凌畅/绘）

图19　南水北调中线示意图（凌畅/绘）

北地区浅层地下水水位在2020年较上年总体回升0.3米，是持续多年下降后的首次回升。对北京密云水库的补给，极大缓解了首都用水的紧张。对白洋淀、滹沱河等河湖的补水，有效推动了当地的生态保护。南水北调还为京津冀协同发展、雄安新区建设等重大国家战略的实施提供了水资源保障。

西线工程

1952年，我国水利部人员对黄河进行实地勘探，提出了从长江上游通天河引水注入黄河上游的初步构想。之后，这条构想成为南水北调西线工程的基本思路，人们计划从通天河及长江支流雅砻江、大渡河调水入黄河上游。由于我国西部地形险峻，西线工程的建设需要充分的规划考量与强大的技术支撑；半个多世纪以来，对南水北调西线工程的勘探与规划持续进行着。

南水北调西线工程将与西部大开发紧密结合，解决西北地区缺水问题，基本满足黄河上、中游6省（自治区）和邻近地区2050年前的用水需求，同时促进黄河的治理开发，促进上、中游的河道治理，并向黄河下游供水，解决黄河下游断流等生态环境问题。

『功在当代，利在千秋』
——南水北调的效益及其完善

　　南水北调东、中线一期工程的建成通水初步构筑了我国"四横三纵，南北调配、东西互济"的水网格局，经济、社会、生态效益显著。资源配置方面，我国北方地区得到新的水源后，水资源短缺得到有效缓解，受益城市多达42个，总受益人口数量超过1.4亿人。饮水安全方面，丹江口水库和中线干线供水水质稳定在地表Ⅱ类标准及以上，东线水质稳定在地表水Ⅲ类，沿线群众获得了良好的饮水体验，幸福感、安全感得以增强。生态文明建设方面，北方城市不用再依赖抽调地下水，华北地区地下水位上涨，同时新的水源补给了北方河湖，有利于生态环境保护。经济方面，南水北调工程建设提供了建设岗位，提高了航道运输能力，促进了沿岸城市经济发展，为经济建设提供了水资源的保障。

　　而作为一项生态工程、民生工程、民心工程，南水北调还面临着诸多考验。南水北调工程全程干渠大多为露天开放性管道，在调水的同时为物种的跨区域扩散提供了通道和动力，可能会使长江中下游的鱼与水生植物等生物随水道北移扩散。同时，一些已在水源地分布的外来有害生物也可能会借助这一通道跨越地理屏障，从长江流域向北扩散。南水北调中线工程跨流域调水过程中，交叉口全部采取立交方式穿越，但仍可能以调节水库、河道洪水漫溢等方式发生河水串流，进而引发外来生物入侵，破坏生态，导致经济损失。因此，对南水北调沿线的生物监测尤为重要。

此外，诸多学者基于国内外水利工程建设引起血吸虫病蔓延扩散及全球气候变暖的情况，认为钉螺可能会沿输水道北移扩散分布，而钉螺是血吸虫的中间宿主，钉螺的北移也有可能导致血吸虫病北移。鉴于南水北调工程输水线路长、建设期长、影响因素多，在南水北调工程相关区域持续开展钉螺监测仍然必要，其可以继续为南水北调工程后续建设和运行提供科学支撑和安全保障。目前，我国卫生、环保部门正在实施严格的监测与控制。

南水北调将汉江上游水引入北方地区，势必会导致汉江下游的水流量缩减。这不仅会造成汉江下游的生活、工农业用水水量不足的问题，还会诱发水华，造成生态破坏，进而影响水利工程实施的效益。因此，向汉江下游补充水源是十分必要且紧迫的。

引江济汉工程，是从长江荆江河段引水至汉江高石碑镇兴隆河段的大型输水工程，属于南水北调中线一期汉江中下游治理工程之一。渠道全长约67.23千米，年平均输水37亿立方米，其中，补汉江水量为31亿立方米，补东荆河水量为6亿立方米。工程的主要任务是向汉江兴隆以下河段补充因南水北调中线一期工程调水而减少的水量，改善该河段的生态、灌溉、供水、航运用水条件。

2014年9月26日，引江济汉工程正式通水（表7）。

这条线路贯穿荆州、荆门、仙桃、潜江四市，使往返荆州和武汉的航程缩短了约200千米；同时，兴隆水利枢纽工程与局部航道整治工程有效提高了汉江的通航能力。截至2018年年底，引江济汉工程累计向汉江输水超过110亿立方米，解决了汉江中下游水资源短缺的问题。

继"引江济汉"之后，"引江补汉工程"于2022年7月7日开工建设，是南水北调后续工程首个开工项目（表7）。这一工程建设将在三峡水库与汉江之间画一道长约194.8千米的输水线，把水从水量充沛稳定的三峡水库引至汉江丹江口大坝下游；届时，每年将为汉江下游补充

表7 · 南水北调大事记

时间	事件
1952年10月30日	毛泽东视察黄河开封段，提出"借水"的构想
1958年8月	《中共中央关于水利工作的指示》中正式提出南水北调计划
1958年9月	丹江口水利枢纽开工建设
1961年12月	江都水利枢纽开工建设
1974年	丹江口水利枢纽初期工程建成
1977年3月	江都水利枢纽第四抽水站竣工，江都水利枢纽建成
1995年12月	南水北调工程开始全面论证
2000年6月	南水北调工程规划有序展开
2002年12月	国务院批复《南水北调工程总体规划》，同月南水北调工程正式开工
2010年3月26日	引江济汉工程开工建设
2013年11月15日	南水北调东线一期工程正式通水
2014年9月26日	引江济汉工程正式通水
2014年12月12日	南水北调中线一期工程正式通水
2022年7月7日	引江补汉工程开工建设

39亿立方米的长江水，进一步改善汉江水资源条件。

引江补汉工程将连通长江、汉江流域和京津冀豫地区，完善国家骨干水网格局；同时，将会把北调水量从原来规划的95亿立方米增加到115亿立方米，使供水稳定性大幅提高，增加汉江中下游水资源的调配能力。此外，它也会加大"引汉济渭"的输水，改善黄河流域的水资源配置，并改善湖北本身输水沿线的水资源条件，使得国家水网的功效和能力得到充分体现和进一步提升。

『全国一盘棋』
——南水北调与国家水网

南水北调工程将长江、淮河、黄河、海河四大水系相互连接，使我国初步形成了"四横三纵"的国家水网框架，基本可覆盖黄淮海流域、胶东地区和西北内陆河部分地区，在保障北方地区经济发展的同时，显著改善了黄淮海地区的生态环境状况，有效解决了北方一些地区的水质问题，是我国社会高质量发展、生态文明建设的重要一环，具有重要的意义，为国家水网的建设提供了丰富的成功经验。

国家水网是以自然河湖为基础，引调排水工程为通道，调蓄工程为节点，智慧调控为手段，集水资源优化配置、流域防洪减灾、水生态系统保护等功能于一体的综合水流体系。想要更好的可持续发展与中华民族的伟大复兴，国家水网的建设尤为重要。

国家水网的工程体系有三要素，即"纲、目、结"。"纲"，就是自然河道和重大引调水工程，是国家水网的主骨架和大动脉；"目"，就是河湖连通工程和输配水工程；"结"，就是调蓄能力比较强的水利枢纽工程。要建设完备的国家水网，就要构建完善的水资源优化配置和保障供给的格局，完善流域防洪体系布局，优化河湖生态系统保护治理格局。科学建设国家水网工程可以提高洪水风险防控能力，促进水资源优化配置，维持河湖生态廊道功能，成为一张维持社会高质量发展、推动生态文明建设的"保护网"。

2021年全国水利工作会议提出"十四五"时期将以建设水灾害防控、水资源调配、水生态保护功能一体化的国家水网为核心，解决水资源时空分布不均问题。2021年5月14日，习近平总书记在考察南水北调工程时提出，要加快构建国家水网，为全面建设社会主义现代化国家提供有力的水安全保障。

（执笔人：凌畅、桑翀、蔡凌楚）

中国拥有湿地面积6600多万公顷，约占世界湿地面积的10％，居亚洲第一位，世界第四位，是世界上湿地类型齐全、数量丰富的国家之一。但在我国社会经济快速发展的同时，由于不合理利用和开发，湿地的面积急剧缩减。最严重时，黑龙江三江平原78％的天然沼泽湿地丧失，七大水系的河段水也遭遇了严重的污染。在这样的前提下，对于河流湿地的重视和保护成为摆在我们每一个人面前的课题。1992年中国加入《关于特别是作为水禽栖息地的重要湿地公约》（简称《湿地公约》）后，积极开展湿地保护工作。国家林业局（现国家林业和草原局）专门成立了"湿地公约履约办公室"，负责推动湿地保护的规划和执行工作。那么，在保护河流湿地的过程中，我们做过什么？未来还将怎样做？一起来看看吧。

天人合一的实践
——中国河流湿地的保护和未来

中国河流湿地保护的重要实践

——长江大保护

长江是中华民族的母亲河，是我国重要的生态安全屏障，是中华民族发展的重要支撑。习近平总书记曾经指出："长江病了，而且病得不轻。"长江之所以病了，是因为长江两岸的城镇生活污水垃圾、农业面源污染、化工污染、船舶污染、尾矿库污染未能得到有效治理，使长江水质逐渐变差、生态环境恶化，成为制约长江经济带发展的热点、难点、痛点问题。自2016年1月，习近平总书记为长江经济带立下"共抓大保护，不搞大开发"的规矩以来，长江经济带沿江省份开始把长江生态保护修复摆在压倒性的位置，坚持追根溯源、标本兼治、系统推进，开展生态环境污染治理工程建设。

长江生物资源及保护物种

长江是世界上水生生物多样性最为丰富的河流之一，分布有4300多种水生生物。据不完全统计，长江流域有淡水鲸2种，鱼424种，其中，183种为特有鱼，浮游植物有1200余种，浮游动物有753种，底栖动物有1008种，水生高等植物有1000余种。

流域内分布有白鱀豚、中华鲟、达氏鲟、白鲟、长江江豚等国家重点保护野生动物，圆口铜鱼、岩原鲤、长薄鳅等特有物种动物，以及"四大家鱼"等重要经济鱼类，是全球七大生物多样性丰富的河流之一。

根据2018年长江淡水豚科学考察结果，如今长江中仅存的哺乳动物江豚数量仅为1012头（2006年调查数据为1800头）。目前，长江入选《中国物种红色名录》的物种中，国家一级保护野生鱼类有达氏鲟、中华鲟、白鲟、鳤鱼、圆口铜鱼和川陕哲罗鲑；国家一级保护野生哺乳动物中有长江江豚和白鱀豚；国家一级保护野生水生植物中有云贵水韭、中华水韭、高寒水韭。

长江干流自然保护地建设

从2005年浙江省西溪湿地被批准成为试点国家湿地公园以来，截至2013年年底，中国已经批准试点国家湿地公园429个，总面积2.35万平方千米，占国土总面积的0.24%。按照发生时序排列，2005年至2013年中国批准的试点国家湿地公园总数分别为2个、6个、18个、38个、100个、145个、213个、298个和429个，呈指数增长趋势，说明中国国家湿地公园发展迅速。截至2013年年底，中国正式授牌的国家湿地公园数量为32个，数量和面积分别占全部批准的试点国家湿地公园数量的7.46%和4.44%。按湿地类型划分，河流型国家湿地公园数量达145个，占国家湿地公园总数的33.8%，湿地面积占比为23.7%（表8）。

表8　按河流湿地类型划分的国家湿地公园数量

	主要湿地类型	国家湿地公园数量（个）	比例（%）	湿地面积占比（%）
河流湿地	永久性河流	129	30.1	18.4
	洪泛平原湿地	14	3.2	5.2
	季节性或间歇性河流	2	0.5	0.1
	小计	145	33.8	23.7

注：授牌湿地公园数据采用截至2013年12月的数据。

长江干流省级及以上的自然保护地，包括国家公园/自然保护区、水产种质资源保护区、湿地公园、饮用水水源保护区等，目前主要分布在长江中下游河段（图20）。

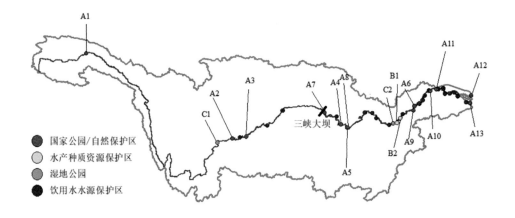

图20　长江干流省级及以上的自然保护地分布（李浩然/绘）

注：A1.三江源国家公园；A2.长江上游珍稀特有鱼类国家级自然保护区（四川段）；A3.长江上游珍稀特有鱼类国家级自然保护区（重庆段）；A4.天鹅洲国家自然保护区；A5.长江新螺段白鱀豚国家级自然保护区；A6.铜陵淡水豚国家级自然保护区；A7.长江宜昌中华鲟省级自然保护区；A8.何王庙长江江豚省级自然保护区；A9.安徽贵池十八索省级自然保护区；A10.南京长江江豚省级自然保护区；A11.江苏镇江长江豚类省级自然保护区；A12.启东长江口北支省级自然保护区；A13.上海市长江口中华鲟自然保护区；B1.长江安庆段四大家鱼国家级水产种质资源保护区；B2.长江刀鲚国家级水产种质资源保护区；C1.四川屏山金沙海省级湿地公园；C2.江西彭泽长江省级湿地公园。

长江"十年禁渔"

在过去几十年快速、粗放发展的经济发展模式下，长江付出了沉重的环境代价。许多人竭泽而渔，采取"电毒炸""绝户网"等非法作业方式，最终形成"资源越捕越少，生态越捕越糟，渔民越捕越穷"的恶性循环，长江生物完整性指数已经到了最差的"无鱼"等级。

长江流域也曾每年设置期限为三个月的禁渔期，但鱼繁殖生长速度普遍缓慢，这短暂的禁渔期无法抵消"绝户网"、电鱼、炸鱼、毒鱼等各种毁灭性捕鱼作业及拦河筑坝、水污染、挖砂采石等严重干扰水域生态系统的高强度人类活动所带来的恶劣影响，这导致长江内的鱼类种群数量不断减少，质量不断降低，物种多样性降低，一些珍稀物种（比如，白鲟和白鳍豚）也因此功能性灭绝。

2020年1月1日，长江开始实施十年禁渔计划，对长江鱼类资源进行保护。我国政府财政拨款92亿元人民币的补助资金，各地落实资金114.6亿元，用于撤渔后渔民的安置。为了保证渔民退捕后的生活能继续，江苏省将长江禁渔写进地方性法规《江苏省渔业管理条例》，并出台了《江苏省国有渔业水域占用补偿暂行办法》。2020年12月24日至25日，长江"十年禁渔"的长江三角洲地区人民代表大会联动监督、协同立法座谈会在上海召开，沪苏浙皖三省一市的人民代表大会共同商定，由上海市人民代表大会常委会牵头，三省一市的人民代表大会在2021年第一季度同步立法促进保障长江流域禁捕实施。

长江主要经济鱼类性成熟的时间是3-4年，10年禁渔将为多数鱼争取2~3个世代的繁衍，缓解当下长江鱼少的压力，也为长江江豚在内的许多旗舰物种的保护带来希望，是对长江生态系统保护具有历史意义的重要举措。

我们欣喜地看到，长江生态环境治理工作取得重大阶段性成果。2021年，长江流域水质优良国控断面比例为97.1%，干流水质连续两年达到Ⅱ类标准以上。长江全面禁渔后，长江的生物多样性逐步恢复，出现鱼翔浅底、水清岸绿的美丽景象，平时难得一见的江豚等濒危物种动物越来越多地出现。

2021年1月1日起，长江干流，长江口禁捕管理区，鄱阳湖、洞庭湖两个大型通江湖泊，大渡河等7条重要支流实行为期10年的常年禁捕。一年来，禁捕水域非法捕捞高发态势得到初步遏制，退捕渔民转产安置基本实现应帮尽帮、应保尽保，水生生物资源逐步恢复，长江禁渔效果初步显现。2021年以来，湖北武汉、江苏南京、南通、苏州、泰州、无锡等地均观测到江豚出现，江苏段刀鱼的资源量较从前增加了2倍多，消失20年的鳤鱼重现洞庭湖。以上现象都在表明，长江的生态环境正在好转。

"鄂江夏渔00042"渔船 "鄂江夏渔00042"号渔船长8米、宽1.5米，是一艘传统的长江渔船。2020年6月30日，武汉市命该船退捕并封存。2020年12月17日，水生生物博物馆将该船收藏，陈列于中国科学院水生生物研究所。

曹文宣院士基于长期研究建议国家实施"十年禁渔"。中共中央采纳了这一建议，决定从2021年1月1日开始实行长江"十年禁渔"。这艘渔船是中国科学院水生生物研究所支撑国家重大决策的见证，是长江渔民由捕鱼到护鱼转折的见证，也是保留长江渔猎文化的载体。

"鄂江夏渔00042" 渔船（桑翀/摄）

　　据统计，为实施"十年禁渔"，长江沿江10省（直辖
市）共有退捕渔船11.26万艘、渔民23.41万人。其中，
湖北省有退捕渔船16818艘、渔民32226人。

中国河流湿地管理体制创新
——河（湖）长制

水是生命之源、生产之要、生态之基，我们的生存离不开江河湖泊的滋养。然而，很多河湖存在河道干涸、湖泊萎缩、水环境状况恶化等问题。河湖管理保护涉及左右岸、上下游、不同区域和行业，需要地方党委、政府履行主体责任，各职能部门形成工作合力。2017年7月，我国水利部发展研究中心主任杨得瑞在接受新华网采访时表示，"河长制"是依据现行法律法规，以问题为导向，落实地方党政领导河湖管理保护主体责任的制度创新。随着我国经济社会的快速发展，中国河湖管理保护过程中出现了不少新问题，如河湖的乱占、乱采、乱堆、乱建（简称"四乱"），造成河湖功能退化，对保障水安全构成严峻挑战。为解决上述问题，一些地方创造性地推行"河湖长制"，形成河湖治理保护的合力，取得显著成效。中共中央在开展大量调研和反复研究的基础上，最终在全国全面推行河湖长制。

河（湖）长制的由来

河（湖）长制即"河长制""湖长制"的统称，是由各级党政负责同志担任河（湖）长，负责组织领导相应河湖治理和保护的一项生态文明建设制度创新。通过构建责任明确、协调有序、监管严格、保护有力的河湖管理保护机制，为维护河湖生命健康、实现河湖功能永续利用提供制度保障。2003年以前，长兴县河道湖泊受到严重污染，当年10月浙江省启动千村示范、万村整治工程，长兴县建立了河长制。2007年，太湖大面积蓝藻暴发，引发了江苏无锡水危机。无锡首创河长管水制，党政负责人担任64条河流的河长，加强污染物源头治理，负责督办河道水质改善。河（湖）长制实施后效果明显，境内水功能区水质达标率从2007年的7.1%提高到2015年的44.4%，太湖水质显著改善。此后，北到松花江流域，南至滇池，河（湖）长制走向全国。2016年、2018年，中共中央办公厅、国务院办公厅先后印发《关于全面推行河长制的意见》《关于在湖泊实施湖长制的指导意见》，进一步加强河湖管理保护工作。

河（湖）长的职责

河（湖）长主要负责组织领导相应河湖的管理和保护，牵头组织对侵占河道、围垦湖泊、超标排污、非法采砂等突出问题依法进行清理整治；对跨行政区域的河湖明晰管理责任，协调上下游、左右岸实行联防联控；对相关部门和下一级河长履职情况进行督导，对目标任务完成情况进行考核，强化激励、问责。

河（湖）长制的推行成效

2021年10月，全面推行河（湖）长制成效显著，31个省份全部设立党政双总河长，明确省、市、县、乡级河（湖）长30多万名，村级河（湖）长（含巡、护河员）90万

河湖长公示牌

名，其中，中、西部地区脱贫户22万名，建立了上下贯通、环环相扣的责任链条。

　　河湖管护责任体系不断完善。2018年以来，省、市、县、乡级河（湖）长年均巡查河湖700万人次。省、市、县全部设立河长制办公室，专职人员数量超1.6万名，部分乡镇因地制宜设立河长制办公室，各地培育壮大民间河（湖）长和志愿者队伍。长江、黄河、淮河、海河、珠江等七大流域建立"流域管理机构+省级河长制办公室"联席会议制度，20多个省份建立跨省界河湖联防联控机制，探索建立横向生态补偿机制，设立联合河（湖）长，开展联合巡查执法，形成了河湖管理保护强大合力。

　　各地区各部门以河（湖）长制为抓手，开展系统治理，持续改善河湖水生态环境。2018年以来，水利部组织开展河湖"清四乱"专项行动，各地共清理整治河湖"四乱"（乱占、乱采、乱堆、乱建）问题18.7万个，拆除侵占河湖违建面积达4748万平方米，清除围堤1.1万千米，清退非法占用岸线3万多千米，打击非法采砂船1.1万艘，清理垃圾4300万吨，河湖面貌发生历史性改变。我国水利部组织编制完成长江、黄河、淮河、海河、珠江、辽河和松花江等七大江河及主要支流岸线保护利用规划、河道采砂管理规划，指导地方编制完成416条省级河湖岸线保护利用规划、2656条河道采砂管理规划，明确河湖水域岸线分区管控要求。

污水治理和生态修复的典范
——中国的城市河流湿地

天人合一的实践
——中国河流湿地的保护和未来

　　城市范围内的河流、湖泊及其他景观水体担负着提供水资源、发挥生态效应、承载城市生活等多种功能。2015年，国务院正式出台《水污染防治行动计划》（简称"水十条"），将城市黑臭水体整治作为重要内容，全面控制污染物排放，并提出明确要求：加大黑臭水体治理力度，于2020年年底前完成地级及以上城市黑臭水体面积占比均控制在10%以内的治理目标。

　　"城市河流黑臭水体"是呈现令人不悦的景象或散发令人不适气味的水体的统称，是河流水体受污染的一种极端现象。尤其对于南方城市河流而言，其河流类型多为中小型，环境容量小，容易受到污染，且呈现以城市为中心的污染特点。污水主要为生活污水，以有机物质污染和细菌污染为主，可生化性较好，重金属及其他难降解的有毒有害污染物质一般不超标。针对黑臭水体治理，目前普遍采用控源截污、清淤疏浚和生态修复等治理手段，治理成效显著，黑臭水体数量大幅度减少，河流水质明显改善。

深圳观澜河（董笑语/摄）

深圳观澜河的黑臭水体治理

黑臭水体治理措施实施之前，观澜河流域（龙华区段）河流黑臭严重，流域内22条河流全部为黑臭河流。

深圳市龙华区经过数年黑臭水体治理，已实现观澜河流域（龙华区段）黑臭水体的全面消除，河流水质明显改善。观澜河流域（龙华区段）水质年际变化显著，汛期溶氧、氨氮含量均高于非汛期，干流溶氧、氨氮含量主要受汇入支流含量的影响。

绿色市政基础设施建设工程、多水源生态补水工程、河道生态化改造工程、河道清淤疏浚工程等的开展，支撑了观澜河流域（龙华区段）河流水质的改善和提升。

虽然观澜河流域（龙华区段）黑臭水体已全面消除，但是汛期雨天溢流等问题仍旧无法彻底解决，需进一步深入研究并提出对策，以保障城市河流长制久清。

北京永定河的生态恢复

永定河（北京段）特别是三家店以下河道自20世纪70年代中后期，受气候变化、上游水库建设、沿岸工农业开发用水需求增加等因素影响，来水不断减少直至断流，沿岸地下水水位不断下降，造成河道生态急剧恶化，河床裸露沙化、盗砂激增，生活垃圾、建筑垃圾非法随意填埋，使永定河成了北京西部最大的风沙源。

永定河生态治理遵循"安全是主线、节水是理念、生态是效果"的治河思路，目标是建成"有水的河、生态的河、安全的河"。水源是恢复建设永定河生态廊道的核心问题，水体的流动性及多维可交换性是确保河流健康的基础，因此要通过生态治理确保永定河有一定的蓄水量，恢复生态基流，并保证水质达到一定标准。

对河槽、河岸及河滨带进行全面生态修复，构建"有水则清，无水则绿，封河育草，绿化压尘"的适宜北方缺

北京永定河（张敏/摄）

水型河流的生态系统。

永定河城市平原段（三家店拦河闸至燕化管架桥）18.4千米河道的全面治理使这里形成了湖溪相连、有水有绿、林水相依的自然生态美景，治理面积830公顷，其中，水域面积385公顷，绿化面积400公顷，其他面积45公顷。建成区彻底消除了扬尘扬沙，极大地改善了北京西部生态环境，推动了沿岸旅游、休闲等相关产业的发展，在助力区域水岸经济发展上也发挥着积极作用。

上海苏州河的三期整治

苏州河水环境的急剧变化发生在20世纪50年代，沿河两岸集中了近千家企业，苏州河开始出现黑臭，至20世纪70年代，苏州河市区段及主要支流水体终年黑臭，鱼虾绝迹，水污染非常严重。

2002年，苏州河环境综合整治一期工程完成后，苏州河干流黑臭现象基本消失，位于外滩的苏州河—黄浦江合流交汇界面不再存在，滨河景观质量大大改善，沿河房地产迅速增值。苏州河干流底栖动物数量和需氧物种数量明显增加，市区段发现成群的小型鱼类，苏州河呈现生态恢复迹象。一期工程完工后，苏州河水质总体改善，但干流水质仍存在不稳定性，支流污染仍十分严重，特别是市郊的支流脏、乱、差现象极其严重，河道成了天然垃圾箱，既污染水体，又堵塞河道，严重影响上海城市环境和沿线市民生活。

2003年至2005年，苏州河环境综合整治二期工程实现了阶段性目标，但苏州河水质稳定的保障机制依然脆弱，苏州河自净能力的恢复也很有限，两岸陆域环境面貌

上海苏州河（杜风雷/摄）

还未得到全面和根本的改善，影响了苏州河水质的进一步改善和水生态系统的恢复。

为全面完成苏州河环境综合整治任务，巩固其环境综合整治一期、二期工程的成果，持续改善苏州河干支流水质，并为生态修复创造条件。2006年至2011年，环境综合整治三期工程实施以后，苏州河干流下游水质与黄浦江水质同步改善，支流水质与干流水质同步改善，为生态系统恢复创造了条件。

苏州河环境综合整治一期、二期和三期完工标志着集中式大规模的苏州河环境综合整治工程胜利完成。目前，苏州河第四期工程已全面实施，从提升河道水质、提升防汛能力、提升综合功能和提升管理水平4个方面进行综合治理。

中国河流治理的未来

——道阻且长，行则将至

"山水林田湖草"生命共同体

2013年11月15日，习近平总书记在《中共中央关于全面深化改革若干重大问题的决定》的说明中明确指出："我们要认识到，山水林田湖是一个生命共同体，人的命脉在田，田的命脉在水，水的命脉在山，山的命脉在土，土的命脉在树。"

2017年10月18日，习总书记在《中国共产党第十九次全国代表大会上的报告》中再次明确指出，要"统筹山水林田湖草系统治理"。2018年5月18日至19日的全国生态环境保护大会上，习总书记发表重要讲话，再次指出："山水林田湖草是生命共同体，要统筹兼顾、整体施策、多措并举，全方位、全地域、全过程开展生态文明建设。"

从多年研究看，我国生态环境研究及协同保护体制机制方面存在的主要问题还是认识不足，一方面是缺乏相应的学科建设与理论研究；另一方面，不同部门、不同地区利益上存在冲突。党和国家最高领导人连续多年反复强调山水林田湖草生命共同体，要统筹系统治理，也说明这一问题的重要性和急迫性。

国务院办公厅《关于加强长江水生生物保护工作的意见》（国办发〔2018〕95号）也明确要求"坚持上下游、左右岸、江河湖泊、干支流有机统一的空间布局，把水生生物和水域生态环境放在山水林田湖草生命共同体中，全面布局、科学规划、系统保护、重点修复。"我们常说的水生态其实可以泛指为河湖生态，而水治理也对应着河湖治理。由此可见，河流治理是统筹"山水林田湖草"系统治理的重要一环。

"流域生态学"的基本思想

2018年4月26日，习近平总书记在深入推动长江经济带发展座谈会上的重要讲话中指出："要从生态系统整体性和江河流域系统性着眼，统筹山水林田湖草等生态要素。"这充分说明河流治理离不开流域，而流域是河流治理的基本单元。

谈论流域，就不得不谈论流域生态学。所谓流域生态学，即以流域为研究单元，研究其内高地、沿岸带、水体生态系统间的物质、能量、信息等流动规律。简言之，流域生态学即研究流域内水陆间的相互关系的学科。

开展流域层次的生态学理论集成与创新，研究以流域生态系统为对象，以水为纽带和驱动因子，利用综合上下游、左右岸、干支流的自然－经济－社会复合生态系统，构建流域生态环境保护的科学理论和技术体系，是服务国家重大需求、促进社会与经济协调发展的基础。

解决长期积累的问题，贯彻习总书记的"共抓大保护，不搞大开发"最为关键的是落实一个"共"，即"共抓"。实际上，无论是山水林田湖草生命共同体，还是水污染治理、水生态修复、水资源保护"三水共治"，也都强调一个"共"字。

山水林田湖草生命共同体是流域复合生态系统。流域各生态系统是有机联系的，其主要驱动力是水。实现统筹、系统治理需要明晰各生态系统及其要素间的物质循环、能量流动、物种迁移、信息交流等，而不是各要素的简单叠加或拼盘。这也是目前国际生态学研究前沿的集合生态系统（meta-ecosystems）的基本框架。

三水共治的核心应该是水资源保护。水资源包括水量、水质、水能、水生生物四大要素。三水共治也应该基于流域尺度。只有改变观念，才能实现"构建以长江干支流为经脉、以山水林田湖草为有机整体，江湖关系和谐、流域水质优良、生态流量充足、水土保持有效、生物种类多样的生态安全格局，使长江经济带成为水清地绿天蓝的生态廊道"的战略目标。

作为典型的集合生态系统的一个重要组分，河流治理既需基于流域尺度生态水文模型的生态系统间动态关系解析，也需开展流域尺度的生态系统长期监测与联网研究。

基于NbS的河流生态保护

NbS（Nature-based Solution），中文含义为"基于自然的解决方案"，可以定义为：采取行动，保护、可持续管理和恢复自然的或经过改造的生态系统，有效和适应性地应对社会挑战，同时为人类福祉和生物多样性带来效益。

NbS这一概念最早于2002年被提出。随后，在环境科学发展与自然保护的背景下，世界银行、世界自然保护联盟等国际组织不断探索更顺应生态系统自然发展规律的工程措施，以适应和减缓气候变化，同时提升人类福祉可持续性，保护自然生态系统与生物多样性。就这样，NbS的概念得到不断应用和完善。世界银行在其2008年度发展报告中正式提到NbS对气候变化减缓与适应的重要性。2009年，世界自然保护联盟在联合国气候变化框架公约中引入NbS，并于2016年世界保护大会上指出NbS是"一系列能够有效地、适应性地解决社会挑战，同时提供人类福祉和生物多样性收益的保护、可持续管理并恢复自然的或经过改造的生态系统的行动"。这一定义关注自然本身，并强调了利用NbS方案处理社会事务的重要性。欧盟于2013年将NbS纳入"地平线2020（Horizon 2020）计划"，并将NbS定义为"以一种高效利用资源、适应性的方式应对多种社会挑战并同时提供经济、社会和环境收益的，受自然启发、由自然支持并利用自然的动态解决方案"，这一定义更强调人类从自然这一解决方案的来源中所能受到的惠宜，与经济、政策联系更为紧密。

尽管对NbS的定义各有不同，但所有概念都指向一个共同的目标——将对自然的可持续利用作为人类发展的一项经济策略。而对河流的生态保护不仅是构建"山水林田湖草生命共同体"的重要一环，也是遵循NbS对自然资源可持续利用要求的重要体现。

基于自然的解决方案是社会整体行动纲领，需要在管理机制、环境保护和经济发展等多个层面开展工作，从根本上解决生态系统修复问题，这与中国正在倡导的"山水林田湖草生命共同体"的理念是一致的。但是，基于自然的解决方案的实践还处于初级阶段，缺少技术规范指导。因此，在河流生态保护过程中，还需现场调研和评价，并基于此制定具体技术措施和管理方式，并且不断完善，实现人与自然和谐共生、建设美丽中国的目标。

（执笔人：桑翀、李浩然、张敏、董笑语）

陈矼, 曹礼昆, 陈阳. 三江并流的世界自然遗产价值—景观多样性 [J]. 中国园林, 2004, 20(1): 27-31.

葛剑雄. 黄河与中华文明 [M]. 北京: 中华书局, 2020.

黄勇. 永定河 (北京段) 生态治理成效及启示 [J]. 中国水利, 2017(8): 10-12.

蒋志刚, 江建平, 王跃招, 等. 中国脊椎动物红色名录 [J]. 生物多样性, 2016, 24(5): 501-551.

栾建国, 陈文祥. 河流生态系统的典型特征和服务功能 [J]. 人民长江, 2004, 35(9): 41-43.

孙鸿烈. 中国资源科学百科全书 [M]. 北京: 中国大百科全书出版社, 2002.

王松, 谢焱. 中国物种红色名录 [M]. 北京: 高等教育出版社, 2004.

王振霖, 耿春茂, 禹雪中. 基于自然解决方案的国际经验及其对河流生态保护的启示 [J]. 环境科学与管理, 2021, 46(8): 9-14.

杨瑞文, 邓英, 段兵, 等. 都江堰风景名胜区志 [M]. 成都: 成都时代出版社, 2003.

尹炜, 王超, 辛小康. 南水北调中线总干渠水质管理问题与思考 [J]. 人民长江, 2020, 51(3): 17-24.

张发旺, 韩双宝, 张志强, 等. 先秦至民国时期治理黄河的主要事件、效果和治理思想 [J]. 中国地质, 2021, 48(06): 1987-1989.

张贤君, 张文强, 李思敏. 观澜河流域 (龙华区段) 水质改善工程及其治理成效 [J]. 环境工程学报, 2021, 15(8): 2810-2820.

赵敏华, 龚屹巍. 上海苏州河治理 20 年回顾及成效 [J]. 中国防汛抗旱, 2018, 28(12): 38-41.

Abstract

Sea water accounts for 97% of the global water resources, while freshwater accounts for only 3%. Compared with the total scarcity of freshwater resources, riverine freshwater exists on the earth as only 0.0001% of freshwater resources. Rivers are running water that naturally feeds into oceans and lakes and are part of the water cycle. The channels through which runoff, sediment, salt, and chemical elements enter lakes and oceans from the land surface are collectively referred to as rivers. Rivers are one of the most active elements in the geographic landscape and play a very important role in the migration of surface materials. For example, rivers of China have an annual runoff of 2,600 billion m^3 from land into the ocean and thus become an important part of the water cycle between land and ocean; about 3.5 billion tons of sediment are taken away from mountainous and hilly areas every year and deposited in low-lying areas as well as the ocean; nearly 450 million tons of various salts are transported every year, of which 400 million tons are carried into the ocean and 0.5 billion tons are deposited in inland basins.

Long history and vast territory of China have given the word "river" a variety of different names during historical periods or in different regions. China is a country with many rivers, more than 50,000 of which with a watershed area of 100 km^2 or more and about 1,500 rivers with a watershed area of more than 1,000 km^2. The topography that is high in the west and low in the east makes the majority of rivers in China flow towards east, mostly finally into the Pacific Ocean or the Indian Ocean. The water volume of rivers in China is uneven between the north and the south, and the total water volume of rivers in the north accounts for only 1/9 of that in the south. According to the geographical distribution, Chinese rivers are mainly distributed in Heilongjiang, Liaohe River, Haihe

River, Huanghe River (Yellow River), Huaihe River, Changjiang River (Yangtze River), Zhujiang River (Pearl River) and other basins from north to south. The annual runoff of rivers in China varies greatly among basins, i.e., the Yangtze River Basin is the largest, followed by the Southwest Rivers Basin and the Pearl River Basin, and the Hai He-Luan He River Basin is the smallest. The total annual runoff is relatively abundant nationwide.

Most of the rivers in China are outflow-typed rivers, and the basin area accounts for about 64% of the total area of the country. Among them, the rivers flowing into the Pacific Ocean are Yangtze River, Yellow River, Heilongjiang River, Liaohe River, Haihe River, Huaihe River, Qiantangjiang River, Zhujiang River and Lancangjiang River. Those rivers flowing into the Indian Ocean from the north to the south include the Nujiang River and the Yarlung Tsangpo River. In the northwest China, the Irtysh River flows westward through the territory of Kazakhstan and then northward into the Arctic Ocean via Russia. The inland river basin area accounts for 35.5% of the total area of China, mainly in four regions: Gansu and Xinjiang region (21.3%), northern and southern Tibetan region (7.6%), Inner Mongolia region (3.4%), Qaidam and Qinghai region (3.2%), which is part of the inland basin of the Eurasian continent. Due to being far away from the ocean, dry climate, and undeveloped water system, rivers are extremely rare and there are even driftless areas where no rivers are formed.

One of the important values of rivers is their enormous ecosystem service function. In a broad sense, rivers are referred as riverine wetlands. However, the concept in a narrow sense considers riverine wetlands as a component of riverine ecosystems. In a narrow sense, riverine wetlands can be defined as a collective term for natural bodies such as riverbeds, riverbanks, floodplains, alluvial deltas, and sandbars that form around natural river water bodies. As a transitional zone between the terrestrial ecosystem and the aquatic ecosystem, riverine wetland plays an important role that cannot be replaced by other wetlands. It not only provides human beings with a large amount of food, raw materials and water resources, but also maintains ecological balance, biodiversity and rare species resources and facilitates water conservation, flood storage and drought prevention, degradation of pollution, climate regulation, groundwater replenishment and alleviates soil erosion. In addition, riverine wetlands are also closely related to culture, as they can transcend materiality and make people think and imagine, for example, many famous poems in the ancient China are composed in relative to rivers.

Another important identity of the river is that it, as the origin of human civilization, has witnessed the development of human society, just as Chinese civilization originated in the Yellow River Basin and the Yangtze River Basin, and gradually evolved into today's social form. At the beginning of the formation of Chinese civilization, the ancestors were active in the big river system centered on the Yellow River and the Yangtze River. They formed an ancient country from tribes, and then developed into an empire. From the Three Sovereigns and Five Emperors to Yao, Shun, Yu and Tang, they walked out of a multi-integrated civilization development path. There is no doubt that the Yellow River and the Yangtze River play a significant role in the formation of Chinese civilization. During a long historical period, the agricultural civilizations of the Yellow River and the Yangtze River basins maintained their relatively independent development patterns to a certain extent, without interfering with each other, thus forming cultural systems with distinctive characteristics. In ancient times, the Yellow River Basin had mild climate, rich water sources, and lots of forests and grasses so that several of earliest dynasties of China built their capitals in the middle and upper reaches of the Yellow River and gradually developed toward the middle and lower reaches, making this area the heart of Chinese civilization. Today, with the excavation of many artifacts from the Yangtze River Basin, it is evident that the Yangtze River civilization has a long history as well as the Yellow River civilization has made important contributions to the development of Chinese civilization. In addition to being a witness to civilization, rivers also nurture their own indigenous creatures, such as finless porpoises, Chinese sturgeons and Chinese alligators in the Yangtze River, and carps in the Yellow River. They have evolved for many years for adapting to the changing environment and thus shaped different biodiversity.

The magnificent scenery of rivers is one of the most perfect masterpiece in the nature. In Northwest China, the Irtysh River is the only river flowing into the Arctic Ocean, the Yili River is known as the "Western Wet Island" and the Tarim River is famous as its the longest inland river in China. In Southwest China, the Yarlung Zangbo River is the highest river in the world, and the parallel flow area of the Jinsha River, Lancang River and Nujiang River is known as its biodiversity research hotspots. On the islands of China, there are rivers with interesting stories, e.g., the Zhuoshui River on the Taiwan Island and Wanquan Rvier on the Hainan Island. In addition, the man-made rivers, the Three Gorges Project, the South-to-North Water Diversion Project and the layout of the national water network play significant roles in Chinese river systems.

Rivers are closely related to the survival of civilization, and they promote the orderly development of society, but they also face many challenges in the new era, such as river sewage management and ecological restoration. The Yellow River and the Yangtze River are the mother rivers of China, but the Yellow River has faced problems such as soil erosion and water quality deterioration for a long time. The Yangtze River has been overfished and the large-scale water conservancy projects have led to the destruction of the river ecosystem and the loss of biodiversity. At present, these problems have begun to attract attention, and China has gradually restored the fish resources of the Yangtze River through the implementation of the "10-year fishing ban", while the construction of various water conservancy facilities has also taken ecological impacts into account, the implementation of the river chief system has put river protection into the responsibility system, and urban river sewage treatment has also been in full swing, and has achieved initial results.

General Secretary Xi Jinping said that the mountains, rivers, forests, farmlands, lakes, grasslands and deserts are part of the community of life. Undoubtably, rivers are an important part of this community of life. River management is inseparable from the watershed as the watershed is the basic unit for river management. In order to serve national needs and promote coordinated development of social economy, we need to carry out integration and innovation of ecological theories at the watershed level, to study the complex natural-economic-social ecosystem, which takes watershed ecosystem as the object, water as the link and driving factor and integrates upstream and downstream, left and right banks of rivers, and main stream and tributaries, and to build scientific theory and technical system for ecological protection of watersheds. Meanwhile, rivers management need to follow nature-based solutions (NbS), i.e., taking actions to protect, sustainably manage, and restore natural or modified ecosystems that address societal challenges effectively and adaptively, simultaneously providing human well-being and biodiversity benefits.